云南茶语

主　编　张伟强　刘亚梅

副主编　杨云哲　陈海燕

　　　　杨　晶　杨孟娟

北京理工大学出版社

BEIJING INSTITUTE OF TECHNOLOGY PRESS

内容简介

本书作为校企合作编写的茶艺教材，围绕绿茶、红茶、普洱茶、乌龙茶、白茶等经典茶类，融合理论知识与实操技能，提供系统化的学习路径。通过详细讲解茶叶特性、冲泡技巧及艺术呈现，配以云南省职业院校茶艺大赛获奖表演实例，让读者在文字与视觉的双重享受中，深入理解茶艺精髓。此外，本书强调实践导向，配套丰富的信息化资源及拓展练习，鼓励读者边学边练，不断深化对茶艺知识的理解与技能的掌握，从而逐步精进茶艺技能。

本书可作为云南特色茶类学习者的配套教材，也可作为云南茶文化的兴趣爱好者专业用书和相关从业人员的培训用书。

版权专有　侵权必究

图书在版编目（CIP）数据

云南茶语 / 张伟强，刘亚梅主编 . -- 北京：北京
理工大学出版社，2025.5.
ISBN 978-7-5763-5445-4

Ⅰ. TS971.21

中国国家版本馆 CIP 数据核字第 2025Q8N543 号

责任编辑：鲁　伟	**文案编辑**：邓　洁
责任校对：刘亚男	**责任印制**：王美丽

出版发行 / 北京理工大学出版社有限责任公司

社　　址 / 北京市丰台区四合庄路 6 号

邮　　编 / 100070

电　　话 / （010）68914026（教材售后服务热线）
　　　　　　（010）63726648（课件资源服务热线）

网　　址 / http：//www.bitpress.com.cn

版 印 次 / 2025 年 5 月第 1 版第 1 次印刷

印　　刷 / 三河市腾飞印务有限公司

开　　本 / 787 mm×1092 mm　1/16

印　　张 / 6.5

字　　数 / 135 千字

定　　价 / 68.00 元

前　言

　　云南，位于中国西南边陲，虽地处国家政治经济文化中心的边缘，但以其独特的地理位置孕育了全国乃至全球瞩目的自然与文化瑰宝。在这片神奇的土地上，有色金属矿产资源的丰富性、动植物的多样性及多元民族的和谐共生，共同绘就了一幅绚丽多彩的画卷。尤为值得一提的是，云南作为茶叶的重要起源地，其茶文化源远流长，不仅承载着历史的厚重，更彰显着民族文化的独特魅力。

　　随着党的二十大精神的深入贯彻，我们站在新的历史起点上，更加坚定了文化自信与产业创新的决心。茶叶，这一古老而常新的饮品，不仅是云南的骄傲，也是中华文化走向世界的重要载体。特别是"普洱景迈山古茶林文化景观"成功列入《世界遗产名录》，标志着云南茶文化在全球范围内获得了高度认可，为茶产业与旅游业的融合发展注入了新的活力。

　　本书旨在整合云南丰富的茶叶资源与旅游文化资源，通过精选代表性案例和历史事件，构建一套既传授知识又培养技能的教学体系。课程设计中融入了课程素养目标，力求实现教育过程的全程覆盖和深度结合，以期得到读者的广泛认同。本书具有以下特点。

　　（1）与时俱进的课程理念。本书积极响应党的二十大精神，特别强调了生态文明建设的重要性。党的二十大报告中指出："必须坚持绿水青山就是金山银山的理念，坚持山水林田湖草沙一体化保护和系统治理。"本书致力于传播绿色、生态、可持续的茶产业发展理念，倡导在茶旅融合中注重生态环境保护，实现经济效益与生态效益的双赢。

　　（2）实用性与互动性。本书采用校企合作模式，结合线上视频资源，提供灵活的学习路径，鼓励读者根据个人兴趣进行深入探索。

　　（3）专家团队协作。由经验丰富的茶业专家和教育工作者共同编写，确保内容的专业性和教学的有效性。

　　（4）全面内容覆盖。本书涵盖茶的历史、文化、品鉴、制作工艺及茶旅融合等多个维度，为读者提供全方位的知识体系。

　　本书为校企合作教材，编者注重实用性和可操作性，设计了配套线上视频供读者学习。读者可根据自己的兴趣点观看相关视频，完成拓展练习。

　　本书由云南旅游职业学院组织编写，邀请合作多年的资深茶人、云南茶踪商贸有限公司董事长、梅猎茶踪主理人刘亚梅，长期从事茶艺师培训考核、传播茶文化工作的临观堂主理人杨晶和行业新兵杨孟娟三位加入编写团队，参与全书的结构设计、视频设计和具体的编写拍摄工作。具体分工如下：模块1由云南旅游职业学院张伟强编写；模块2由云南旅游职业学院杨云哲编写；模块3由云南旅游职业学院陈海燕和张伟强编写；模块4由杨晶编写；模块5由杨孟娟编写。张伟强和刘亚梅负责统稿定稿。

　　在本书策划立项过程中，云南旅游职业学院杨春燕老师给予了大力支持，在此对给予本书帮助的所有朋友表示感谢！对负责本书出版工作的北京理工大学出版社相关编辑的支持表示衷心的感谢！本书在编写过程中参考了相关专业的书籍和资料，在此一并向这些作者表示感谢。

　　由于编者时间和水平有限，书中难免有不妥之处，欢迎广大师生和读者批评指正！

编　者

目 录

模块 1
绿茶基础知识及冲泡技能

绿茶是我国最早出现的成品茶种类。由最初的生煮羹饮进而晒干收藏，这是最早的茶叶加工方式。到了唐代，茶叶制作采用了蒸青的工艺，这种工艺制作的团饼茶在唐代和宋代非常流行。到了明代才逐渐以散茶为主，此后逐步形成蒸青、晒青、炒青、烘青及综合工艺加工而成的完整绿茶种类体系。

我国是世界上重要的绿茶生产和出口大国，国内饮用量最多的也是绿茶。在众多传统名茶中，绿茶更是占据了最大的份额，如西湖龙井、洞庭碧螺春、六安瓜片、黄山毛峰、太平猴魁、安吉白茶等，品类繁多，数不胜数。

云南的茶资源非常丰富，但由于交通局限，缺乏经济文化交流的通道，直至明清时期才大量向外输出茶叶，茶马古道成为云南与外界沟通的经济和文化纽带。优质的普洱茶被推举为贡茶，进而成为云南优质茶叶的杰出代表。

课程导入

进入盛夏，天气炎热，叶小嘉喜欢吃雪糕、喝冰水解渴降温，可爸爸总说，解渴降温的最佳饮品是茶叶，让小叶试试喝温热的绿茶汤解渴。小叶记忆里喝过爷爷大杯子里的绿茶汤总是苦涩难于下咽，对于喝茶解渴的说法将信将疑。

小叶爸爸说的究竟有没有道理？请查找相关资料并回答其中包含的问题。

1. 暑热天多吃冷饮好不好？
2. 喝茶有没有解渴消暑的作用？
3. 有没有香甜可口的绿茶？

学习目标

➤ 知识目标

1. 了解绿茶的加工工艺、类别及品质特征，掌握玻璃杯和盖碗的特质及适泡绿茶。
2. 掌握冲泡绿茶的用水、水温、投茶量和浸泡时间等知识。

➤ 能力目标

1. 能正确识别晒青、烘青和炒青绿茶，并根据其特征选择合适的茶具。
2. 能掌握玻璃杯的温杯、注水方法和盖碗的温碗及使用技巧，能按照流程冲泡出具有绿茶特有汤色、香气和滋味的茶。

➤ 素质目标

1. 通过学习绿茶基础知识与冲泡技能，培养运用视觉、嗅觉、味觉和触觉感知事物的能力，养成独立思考与探索的精神。
2. 在绿茶冲泡实践中，培养做事认真、注重细节的习惯，领悟茶艺所蕴含的美好品德。

1.1 绿茶基础知识

1.1.1 绿茶的分类及品质特征

绿茶是指以茶树鲜叶为原料，经杀青、揉捻、干燥等加工工艺制作出来的茶叶。其品质特征是清汤绿叶。

根据杀青和干燥加工的差异性，可将绿茶大致分为炒青绿茶、烘青绿茶、晒青绿茶和蒸青绿茶四类。其品质特征也存在一定的差异性（图1–1）。

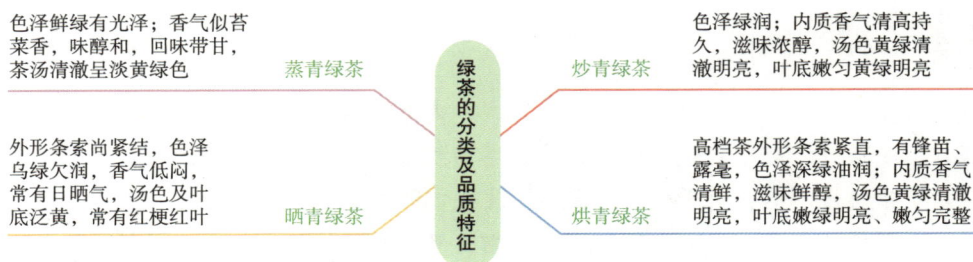

图 1–1　绿茶的分类及品质特征

四类绿茶的外形特征如图1–2所示。

（a）　　　　　　（b）　　　　　　（c）　　　　　　（d）

图 1–2　四类绿茶的外形特征

（a）蒸青绿茶；（b）炒青绿茶；（c）烘青绿茶；（d）晒青绿茶

1.1.2 云南绿茶的品质特征

云南的茶树资源非常丰富，从年代来看，既有古茶树资源，也有大面积的栽培型茶园。从茶树品种来看，既有乔木型茶树，也有小乔木和灌木型茶树，囊括了大叶种和中小叶种茶叶。代表茶有南糯白毫、宜良宝洪茶、元阳云雾茶、大理感通茶、滇绿、滇青、耿马蒸酶茶和永德银竹茶等（图1–3）。

图 1-3 云南绿茶代表茶

云南代表性绿茶外形特征如图 1-4 所示。

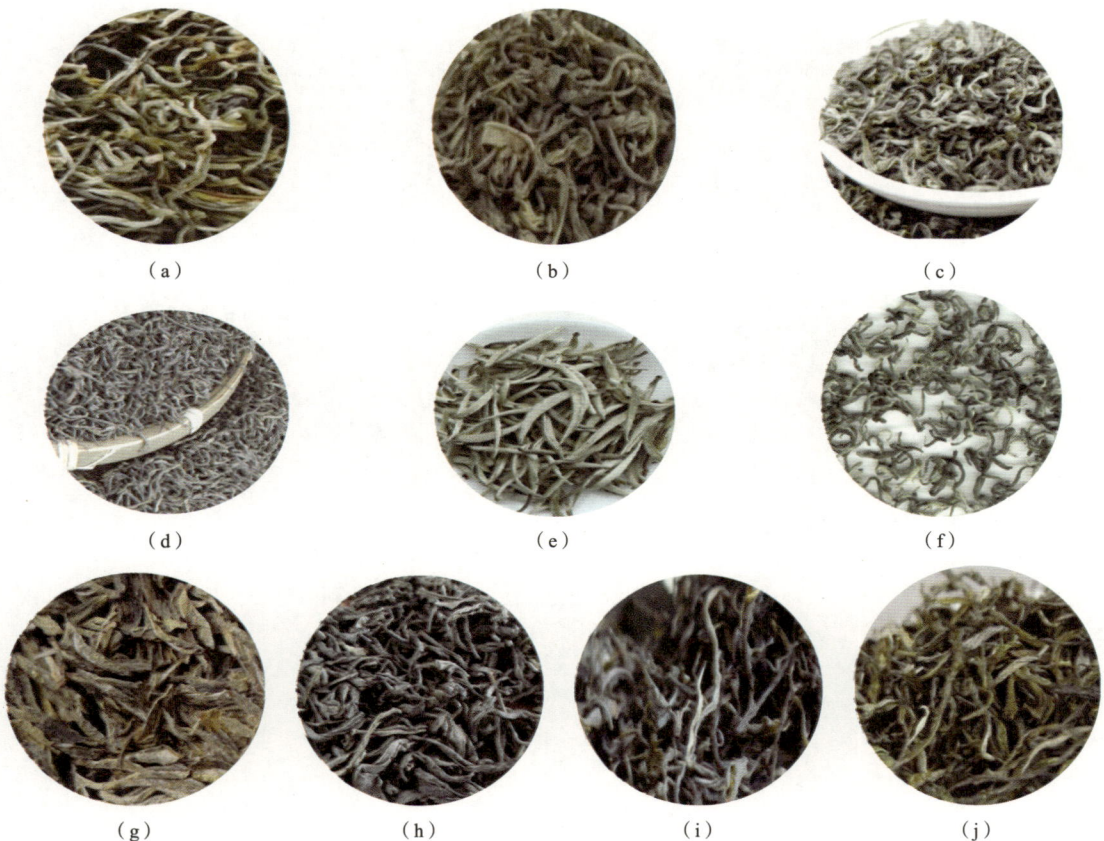

（a）　　　　　　　（b）　　　　　　　（c）

（d）　　　　　　　（e）　　　　　　　（f）

（g）　　　　（h）　　　　（i）　　　　（j）

图 1-4 云南代表性绿茶外形特征

（a）大理感通茶；（b）永德银竹茶；（c）梁河回龙茶；（d）耿马蒸酶茶；（e）景谷大白茶；
（f）南糯白毫；（g）宜良宝洪茶；（h）元阳云雾茶；（i）滇青；（j）滇绿

云南生产的绿茶最具特色的是用大叶种茶叶加工的茶类，其外形肥硕粗壮，叶肉厚实，内含物丰富，与小叶种茶类存在视觉上的较大反差。从品饮角度而言，大叶种绿茶香气粗放浓烈，与小叶种绿茶的细腻幽香不同。就滋味而言，大叶种茶多酚类物质含量高，入口刺激性强，苦涩味重，但回甘也更加明显。大叶种绿茶的耐泡度也明显高于小叶种绿茶。

1.1.3 炒青、烘青、晒青三类绿茶的识别方法

通过视觉正确识别炒青、烘青、晒青三类绿茶是课程学习、茶艺师工作岗位技能、茶艺师技能考试和茶艺师技能竞赛的要求，干茶识别的方法是看外形（图1-5）和闻气味（图1-6）。学习者应勤学多练。

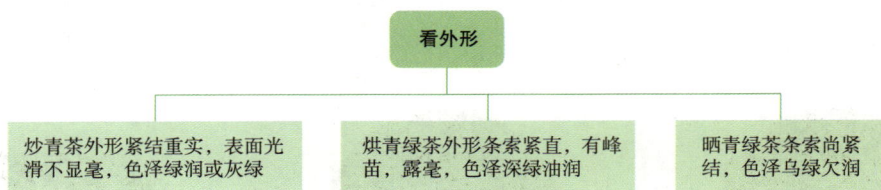

```
                        看外形
     ┌──────────────────┼──────────────────┐
炒青茶外形紧结重实，表面光    烘青绿茶外形条索紧直，有峰    晒青绿茶条索尚紧
滑不显毫，色泽绿润或灰绿    苗，露毫，色泽深绿油润      结，色泽乌绿欠润
```

图1-5 外形分类

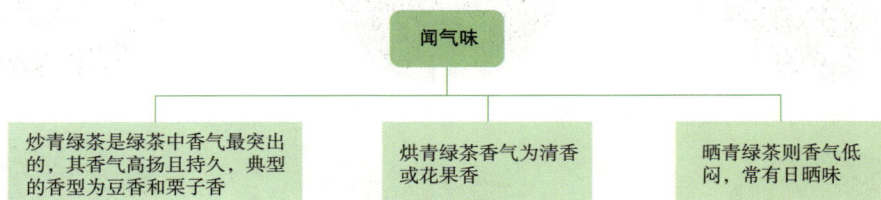

```
                        闻气味
     ┌──────────────────┼──────────────────┐
炒青绿茶是绿茶中香气最突出    烘青绿茶香气为清香      晒青绿茶则香气低
的，其香气高扬且持久，典型    或花果香           闷，常有日晒味
的香型为豆香和栗子香
```

图1-6 气味分类

1.2　实　训

投茶、注水是每个人都会完成的动作，但要把绿茶泡好，就没有那么简单了。

首先是投茶量。茶叶投放多了苦涩味重，难于下咽；茶叶投放太少则滋味淡薄。因此，抛开个人因素，标准的投茶量是按照茶水比来确定的，这个标准就是 1 ∶ 50，即 1 g 茶叶配 50 mL 水。

注水也是有讲究的，一次完成注水，茶汁不易浸出。前人总结的上投法、中投法和下投法就是根据茶叶的不同特性来选择投茶和注水的方法。

其次是水温。根据茶叶的老嫩，所用水温是不同的。粗老的茶叶需要用高温的水冲泡；细嫩的茶叶则选择相对较低水温的水冲泡。例如，细嫩的洞庭碧螺春和西湖龙井适宜用 80～85 ℃的水温冲泡；云南出产的云雾茶和蒸酶茶则选择 90 ℃的水温冲泡。

最后是浸泡的时间和次数。茶叶中的茶汁渗出并溶解在水中形成茶汤需要一个过程，注水马上出汤则茶汤淡薄。粗老的茶叶需要先用开水浸润茶叶再冲泡。此外，茶叶中的可溶解物是有限的，如龙井、碧螺春等高档绿茶一般以三次注水为限，云南大叶种绿茶可冲泡六七次。

懂得这些道理再来泡茶心里就有应对的方法，不至于手足无措。

实训 1-1　绿茶冲泡基本练习

1. 玻璃杯温杯实操练习

准备用具：85 mm 高玻璃杯一只、1 400 mm 高玻璃杯一只、一把随手泡（使用自来水练习）。

实操项目	85 mm 高玻璃杯温杯	1 400 mm 高玻璃杯温杯
操作要领	1. 提壶注水约 2 cm； 2. 双手取杯后，右手持杯，左手托杯底，先将杯子向身体一侧倾斜，待杯中水线至杯口 1～2 cm 时右手沿逆时针方向转动一圈杯子； 3. 将杯子向左倾斜，用右手手指与左手手掌夹住杯子向前滚动，把杯子中的水缓缓倒入水盂； 4. 双手持杯放回原处	1. 提壶注水约 3 cm； 2. 双手取杯后，右手持杯，放于左手掌心，右手转动杯子将杯中水缓缓倒入水盂
操作要求	1. 动作连贯； 2. 用右手手腕转动杯子； 3. 转动杯子时防止水由杯口流出； 4. 动作不宜过快或过缓	1. 动作连贯； 2. 动作不宜过快或过缓
练习时间及完成度		

实操项目	85 mm 高玻璃杯温杯	1 400 mm 高玻璃杯温杯
个人小结	难易度： 如果难度大，问题在：	难易度： 如果难度大，问题在：
小组评价	完成时间在小组属于： 完成度在小组属于：	完成时间在小组属于： 完成度在小组属于：
教师评价		

2. 玻璃杯冲泡注水实操练习

准备用具：三只玻璃杯、一把随手泡（使用自来水练习）。

实操项目	回旋高冲	定点高冲	凤凰三点头
操作要求	1. 提壶逆时针方向注水； 2. 提升注水高度； 3. 降低注水高度，收水	1. 提壶注水； 2. 提升注水高度； 3. 保持高位注水不变，水线不断	1. 提壶注水； 2. 先提升后降低注水，反复三次
操作要领	1. 动作连贯，水流不断； 2. 收水后杯中水为七分满； 3. 水不溅出杯外	1. 动作连贯，水流不断； 2. 水线细而不断； 3. 收水后杯中水为七分满； 4. 水不溅出杯外	1. 动作连贯，水流不断； 2. 控制好水线急缓； 3. 收水后杯中水为七分满； 4. 水不溅出杯外
练习时间及完成度			
个人小结	难易度： 如果难度大，问题在：	难易度： 如果难度大，问题在：	难易度： 如果难度大，问题在：
小组评价	完成时间在小组属于： 完成度在小组属于：	完成时间在小组属于： 完成度在小组属于：	完成时间在小组属于： 完成度在小组属于：
教师评价			

3. 盖碗使用和温碗实操练习

准备用具：一套盖碗、一把随手泡（使用自来水练习）。

实操项目	盖碗使用手法
操作要领	1. 使用盖碗时，右手拇指和中指分开捏住碗的边沿，食指搭住盖钮，无名指和小指自然分开。这样，在使用沸水时也不会感觉烫手而拿不住碗。 2. 温碗时，可借助茶匙先将碗盖翻转过来，使盖子盖在碗口并留有缝隙，这样，温碗时注水到盖子内壁并流入碗内，起到了温盖的作用。 3. 随后用茶匙将盖子复原，持碗回旋温碗后放回原处，轻取盖子留出空隙，再持碗将碗中水倒尽
操作要求	1. 动作连贯； 2. 动作不宜过快或过缓； 3. 用冷水练习，熟练后可使用沸水练习
练习时间及完成度	
个人小结	难易度： 如果难度大，问题在：
小组评价	完成时间在小组属于： 完成度在小组属于：
教师评价	

🍵 实训1-2　冲泡绿茶练习

1. 玻璃杯冲泡绿茶

	主泡用具	辅助用具	其他
准备茶具	三只玻璃杯	随手泡 1 把、茶荷 1 个、茶匙 1 个、茶巾 1 块、杯垫 6 个、奉茶盘 1 个、水盂 1 个	烘青绿茶、沸水、背景音乐
冲泡程序	备水、备茶、备具→行礼、自报冲泡茶叶及主泡用具→入座、温杯洁具→赏茶、投茶→注水→奉茶→收具、行礼		
操作要领	1. 神态自然、动作连贯有节奏。 2. 服装整洁，女性可画淡妆，站姿、坐姿、走姿、行礼合乎礼仪要求。 3. 投茶量、注水量合乎标准		

续表

操作要求	1. 会排解紧张情绪，调整心态达到表情自然放松。 2. 冲泡程序正确无误
小组评价	完成度在小组属于：
个人小结	对冲泡程序的掌握情况为： 对投茶量的掌握情况为： 对冲水环节的掌握情况为： 整体表现为： 还需要提高：
教师评价	

2. 盖碗冲泡绿茶

	主泡用具	辅助用具	其他
准备茶具	一套盖碗	随手泡 1 把、公道杯 1 个、4 个品茗杯、茶荷 1 个、茶匙 1 个、茶巾 1 块、杯垫 6 个、奉茶盘 1 个、水盂 1 个	炒青绿茶、沸水、背景音乐
冲泡程序	备水、备茶、备具→行礼、自报冲泡茶叶及主泡用具→入座、温杯洁具→赏茶、投茶→注水温润泡→奉茶→收具、行礼		
操作要领	1. 神态自然、动作连贯有节奏。 2. 服装整洁，女性可化淡妆，站姿、坐姿、走姿、行礼合乎礼仪要求。 3. 投茶量、注水量合乎标准		
操作要求	1. 会排解紧张情绪，调整心态达到表情自然、放松。 2. 冲泡程序正确无误		
小组评价	完成度在小组属于：		
个人小结	对冲泡程序的掌握情况为： 对投茶量的掌握情况为： 对冲水环节的掌握情况为： 整体表现为： 还需要提高：		
教师评价			

实训1-3 绿茶茶艺展示

1. 元阳云雾茶茶艺

高山云雾出好茶

【设计理念】在云南众多的旅游资源中，哈尼梯田以其特有的魅力独树一帜。这一农耕文明奇观，据载已有1 300多年的历史。梯田的核心区——元阳梯田以知名风景点吸引了众多海内外游客，当地出产的元阳云雾茶更是优质绿茶。哈尼人的辛勤劳作创造了奇迹。本次选择元阳云雾茶作为表演用茶，背景音乐选择了《高原女人》，目的是展示元阳梯田的秀丽壮美和哈尼人民的勤劳。

准备茶具	主泡用具	辅助用具	其他
	设计由3人主泡，每人3只玻璃杯	随手泡3把、茶荷3个、茶匙3个、茶巾3块、杯垫9个、奉茶盘3个、水盂3个	1. 元阳云雾茶、沸水； 2. 服装、铺垫和饰品可选择哈尼族特色； 3. 背景音乐《高原女人》
茶席	1. 背景选择元阳梯田照片投影或制作写真； 2. 茶席从左到右设置为站姿、坐姿、席地坐姿由高到矮的3种高度，体现梯田的特点		
冲泡程序	备水、备茶、备具→行礼、自报冲泡茶叶及主泡用具→入座、温杯洁具→赏茶、投茶→注水→奉茶→收具、行礼		
解说词	2013年6月22日，位于哀牢山南部的哈尼梯田，在第37届世界遗产大会上列入《世界遗产名录》，成为中国第45处世界遗产。元阳梯田是红河哈尼梯田的核心区，也是哈尼族人世世代代留下的杰作。红河哈尼梯田是以哈尼族为主的各族人民利用当地"一山分四季，十里不同天"的地理气候条件创造的农耕文明奇观，据载已有1 300多年的历史。 在元阳海拔为1 300 m以上的山区，云雾缭绕，年雾期达180 d之多，霜期仅为1.5 d，四季温差很小，平均气温在16.4 ℃左右，年平均雨量为1 403 mm，日照约1 770 h，平均相对湿度为84.3%。这种优厚的生态环境和自然条件，孕育了元阳云雾茶优质的原料。 元阳云雾茶是在精心选料的基础上，经过杀青、揉捻、炒青等多道工序，精制而成的。云雾茶外形条索匀直、重实，色泽银灰，毫锋匀称；汤色碧绿，芳香醇和，滋味浓厚回甘；具有明显的生津止渴、消食、利尿、明目益思的良好功能。 背景音乐选择了《高原女人》，歌颂红土高原上各民族，尤其是各民族女性的勤劳。背景音乐中所唱的"歇不得"，即不能休息的意思。 太阳歇歇么歇得呢 月亮歇歇么歇得呢 女人歇歇么歇不得 女人歇下来么火塘会熄掉呢 冷风吹着老人的头么 女人拿脊背去门缝上挡着 刺棵戳着娃娃的脚么 女人拿心肝去山路上垫着 有个女人在着么 老老小小就拢在一堆罗 …… 泡好的这杯茶，就是高原女人辛勤劳作的结果，我们把它敬奉给高原女人，请她们歇歇脚，享受她们劳动的成果		

2. 宜良宝洪茶茶艺

大唐遗韵香如故

【设计理念】昆明宜良县城西北 5 000 米外的宝洪茶是昆明的历史名茶，其种茶历史可以追溯到唐代开山建相国寺时期。其寺几经焚毁重建，至 21 世纪初仍是一片荒凉之地。但宝洪茶历经劫难保存了下来。遥想唐代茶圣陆羽横空出世，一部《茶经》冠绝古今，品饮唐茶遗种不仅可追思茶圣，更可续写《茶经》"精行俭德"之志。

	主泡用具	辅助用具	其他
准备茶具	一套盖碗	随手泡1把、茶荷1个、茶匙1个、茶巾1块、杯垫6个、奉茶盘1个、水盂1个	1. 宝洪茶、沸水； 2. 服装、铺垫和饰品可选择； 3. 背景音乐选择《梅花三弄》
茶席	以素雅的桌布做铺垫		
冲泡程序	备水、备茶、备具→行礼、自报冲泡茶叶及主泡用具→入座、温杯洁具→赏茶、投茶→注水→奉茶→收具、行礼		
解说词	唐代是中国茶文化的形成时期，茶人陆羽以一部《茶经》封圣，昭示中国茶文化的成功奠基。 多年以后，地处西南夷的南诏国来了一位福建禅师，途径今昆明宜良城西北处宝洪山，选址相国寺，并将随身带来的小叶种茶种于此山，宝洪茶便由此开枝蔓叶，繁衍至今。 今日手工所制宝洪茶，与名茶西湖龙井如出一辙，其茶外形扁平光滑，苗峰挺秀，汤色碧绿明亮，滋味浓醇爽口，香气馥郁芬芳，有屋内炒茶屋外香，院内炒茶满街香的美誉。 在阵阵茶香中，我们油然而生一缕思绪：茶圣陆羽在《茶经》中开宗明义提出的茶道思想，即茶之为用味至寒，为饮最宜精行俭德之人。学习茶艺，领悟茶道，核心就是注重自己的言行操守，不断提高自己的道德修养，成为品行高尚的君子。 杯杯清茶，可以荡涤人的肠胃；缕缕茶香，可以熏陶人的灵魂。以茶为友，不仅能够强身健体、延年益寿，而且可以树德明理、培养正气，成为精行俭德之人		

实训1-4 课外拓展练习

1. 绿茶冷水泡法

传统泡茶使用的是沸水，那冷水能不能泡茶呢？建议在具备条件的情况下选择香气高的优质绿茶，尝试使用常温矿泉水沏泡并放冰箱冷藏室冷藏 3～4 h 后取出饮用。

	用具	其他
准备用品	1. 带盖玻璃壶； 2. 玻璃杯（建议使用高脚杯）	1. 优质绿茶； 2. 矿泉水
制作程序	备水、备茶、备具→温杯洁具→投茶→注入矿泉水→盖好放入冰箱冷藏室→3～4 h 后取出饮用	
品饮感受		

续表

总结用料和配比	

2. 绿茶冷萃调饮

冷萃冰茶是近来炎热的夏季流行的茶饮，基本原理是在茶汤中加入各种果汁、果品及冰水、冰块，增加饮品的丰富性。建议选取绿茶为主料，选择与绿茶口味相匹配的果汁、果品及冰水、冰块，制作一款接纳度较高的冷萃冰茶，并给饮品取一个个性化的名字。

	用具	其他
准备用品	1. 盖碗； 2. 玻璃杯（建议使用高脚果汁杯）	1. 优质绿茶； 2. 矿泉水、冰块； 3. 水果或果汁
制作程序	备水、备茶、备具→温杯洁具→投茶→取茶汤（沸水冲泡降温后加冰块或冰块冷萃）→加入水果或果汁（可根据个人情况添加少量糖或糖浆）→分入玻璃杯饮用	
品饮感受		
总结用料和配比		
取名		

3. 飘逸杯冲泡绿茶

飘逸杯冲泡绿茶与玻璃杯、盖碗杯冲泡绿茶不同，办公室冲泡宜方便快捷，多采用飘逸杯作为冲泡用具。

	主泡用具	辅助用具	其他
准备茶具	飘逸杯	随手泡1把、4个品茗杯、茶荷1个、茶匙1个、茶巾1块、杯垫6个、奉茶盘1个、水盂1个	选用茶、沸水、背景音乐
冲泡程序	备水、备茶、备具→行礼、介绍冲泡茶叶及主泡用具→温杯洁具→赏茶、投茶→注水温润泡→冲泡→分茶→奉茶		
操作要领	1. 神态自然、动作连贯有节奏。 2. 服装整洁，女性可化淡妆，站姿、坐姿、走姿、行礼合乎礼仪要求。 3. 投茶量、注水量合乎标准		

续表

操作要求	1. 会排解紧张情绪，调整心态达到表情自然放松。 2. 冲泡程序正确无误
冲泡及品饮 感受	

学习小结

本模块学习绿茶的基础知识及冲泡技能，涉及的多是云南本地的绿茶。与江浙一带的名优绿茶，如西湖龙井、洞庭碧螺春、黄山毛峰、六安瓜片、安吉白茶、太平猴魁等比较，还是存在一定的差异。希望读者在条件允许的情况下，更多地去认知和了解这些名优茶，去寻找差距，为云南茶产业的发展出谋划策。

文旅知识链接 1.1

昆明植物研究所

中国科学院昆明植物研究所（以下简称"昆明植物所"）是中国科学院直属科研机构，是我国植物学、植物化学领域重要的综合性研究机构。研究所以"原本山川极命草木"为所训，旨在认识植物、利用植物、造福于民。研究所建有昆明和丽江两个园区，其中昆明园区占地面积为 1 018 亩（1 亩 = 666.67 m^2）。研究系统设置"三室一库"，即植物化学与西部植物资源持续利用国家重点实验室、中国科学院东亚植物多样性与生物地理学重点实验室、资源植物与生物技术重点实验室、中国西南野生生物种质资源库。植物标本馆（KUN）馆藏标本 150 余万份，是全国第二大植物标本馆。

昆明园区始建于 1938 年，地处"植物王国"云南省首府昆明市北郊黑龙潭风景区，海拔为 1 914 ～ 1 990 m。属中亚热带内陆高原气候，年平均气温为 14.7 ℃，年平均降雨量为 1 006.5 mm，年平均相对湿度为 73%。已建成了山茶园、岩石园、竹园、水生植物园、中乌全球葱园（昆明中心）、羽西杜鹃园、观叶观果园、百草园、蔷薇园、木兰园、金缕梅园、极小种群野生植物专类园、壳斗园、扶荔宫温室群（包括隐花植物馆、主体温室、兰花馆、食虫植物馆等）、裸子植物园等 16 个专类园，收集保存来自全球，特别是我国西南地区的重要植物资源 8 840 余种及品种。

建园以来，昆明植物所共承担国家自然科学基金重点项目、中国科学院重点部署项目、国家科技重大专项、国家重点研发计划项目、国际合作、省部级重点项目等 190 余项，获省部级以上奖励 50 余项，发表论文 1 000 余篇，获授权发明专利 120 余项，培育植物新品种 150 余个，出版专著 90 余部，获计算机软件著作权 9 项，制定国家行业标准 3 个。昆明植物所是云南省极小种群野生植物综合保护重点实验室的依托单位，积极推动极小种群野生植物的抢救性保护和系统研究，成为我国极小种群野生植物综合保护研究中心，引领全球极小种群野生植物的科学拯救与有效保护。

昆明植物所于 2001 年建成了全国首个面积为 320 m² 植物科普馆，并于 2020 年 6 月完成升级改造，2021 年新建种子博物馆和生物多样性书吧（1 800 m²）。昆明植物园先后被命名为"全国科普教育基地""中国科普研学联盟十佳品牌基地""国际杰出茶花园""云南省科学普及教育基地""昆明市极小种群野生植物综合保护精品科普基地"等 17 个荣誉称号，每年到昆明植物园开展科研合作、教学实习、科普活动和观光休闲人数达 80 余万人次。

文旅知识链接 1.2

中国科学院西双版纳热带植物园

中国科学院西双版纳热带植物园隶属于中国科学院，始建于 1958 年，位于中国云南省西双版纳傣族自治州勐腊县勐仑镇，是集科学研究、物种保存和科普教育为一体的综合性研究机构和风景名胜区，在 2011 年 7 月被评为国家 5A 级旅游景区。

西双版纳植物园全国占地面积约 1 125 公顷，收集活植物 14 000 多种（含种下分类群），建有 39 个植物专类区，保存有一片面积约 250 公顷的原始热带雨林，是我国面积最大、收集物种最丰富、专类园区最多的植物园之一，也是世界上户外保存植物种数和向公众展示的植物类群数最多的植物园之一。

中国科学院西双版纳热带植物园研究的主要学科方向是保护生物学、森林生态系统生态学和资源植物学；设有生态学专业一级学科博士、硕士研究生培养点，植物学专业二级学科博士、硕士研究生培养点，并设有生物学专业一级学科博士后流动站是我国面积最大、收集物种最丰富、专类园区最多的植物园之一，也是世界上户外保存植物种数和向公众展示的植物类群数最多的植物园之一。

在建园的初期，中国科学院西双版纳热带植物园为服从于经济建设的需要，主要任务是进行"植物资源的开发、利用"，就是建设各种经济植物的试验地。在 20 世纪 80 年代后期，根据国内外植物园及其科研发展的趋势，西园调整科研任务为"植物资源的开发、利用和保护"，曾把少数课题结束后的试验地改建为某类植物专类园（区）；至20世纪90年代，随着西园开展的一些生物多样性课题和科普教育、生态旅游的发展，又有一些植物专类园（区）在原有的试验地上建立。在2000年"万种园"项目实施前从58个国家和地区引种栽培了4 000种左右的热带植物，建立了棕榈园、百竹园、榕树园、龙脑香园、热带百果园、百香园、奇花异卉园、名人名树园、民族植物园、萌生植物园、树木园、水生植物区、滇南濒危植物迁地保护区13个植物专类园（区）。

练习1

单选题（每题2分，共30分）

1. 绿茶的初加工是指（　　　）。
   A. 摊凉、杀青、干燥　　　　　　　　　B. 杀青、揉捻、干燥
   C. 杀青、揉捻、发酵　　　　　　　　　D. 摊凉、摇青、杀青

2. 炒青绿茶、烘青绿茶和晒青绿茶是按照（　　　）方式来划分的。
   A. 摊凉　　　　　B. 干燥　　　　　C. 杀青　　　　　D. 摇青

3. 宜良宝洪茶属于（　　　）绿茶。
   A. 炒青　　　　　B. 烘青　　　　　C. 晒青　　　　　D. 蒸青

4. 蒸青绿茶是按照（　　　）方式来区分的绿茶种类。
   A. 摊凉　　　　　B. 杀青　　　　　C. 日晒　　　　　D. 干燥

5. 云南生产的晒青绿茶是加工（　　　）的原料。
   A. 滇红茶　　　　　　　　　　　　　B. 滇绿茶
   C. 滇青茶　　　　　　　　　　　　　D. 普洱茶

6. 透光率高、可视性好的茶具是（　　　）。
   A. 宜兴紫砂　　　　　　　　　　　　B. 景德镇瓷器
   C. 建水紫陶　　　　　　　　　　　　D. 玻璃茶具

7. 冬季使用玻璃杯泡茶，应先使用温水温杯，因为（　　　）。
   A. 泡茶前要清洁茶具　　　　　　　　B. 玻璃杯易碎
   C. 玻璃杯在低温环境中遇沸水易碎　　D. 玻璃杯导热快

8. 盖碗多为瓷器，用来泡茶是因为（　　　）。
   A. 盖碗硬度高，不易损坏　　　　　　B. 盖碗表面有装饰，具有艺术性
   C. 盖碗硬度高，不会吸味　　　　　　D. 盖碗质优价低，性价比高

9. 宜兴紫砂壶的优点是（　　　）。
   A. 高温烧制，透气性好　　　　　　　B. 装饰阴刻阳填，具有艺术性
   C. 盖碗硬度高，不会吸味　　　　　　D. 彰显冲泡者身份

10. 选择主泡用具，关键是看（　　）。

　　A. 冲泡者个人喜好　　　　　　　　B. 茶具是否有艺术性

　　C. 能否展示茶叶品质特征　　　　　D. 茶叶品质好不好

11. 冲泡绿茶的投茶量按茶水比是（　　）。

　　A. 1∶10　　　　　B. 1∶20　　　　　C. 1∶50　　　　D. 1∶80

12. 适宜冲泡细嫩绿茶的水温是（　　）℃左右。

　　A. 60　　　　　　B. 80　　　　　　C. 90　　　　　D. 100

13. 玻璃杯泡绿茶适宜上投法的是（　　）。

　　A. 所有绿茶　　　　　　　　　　　B. 细长的茶

　　C. 重实的茶　　　　　　　　　　　D. 扁平状的茶

14. 绿茶茶席适宜选用与（　　）景色相关的元素。

　　A. 四季　　　　　B. 春季　　　　　C. 秋季　　　　D. 冬季

15. 有的绿茶冲泡时要先做浸润泡，这是因为（　　）。

　　A. 茶叶中有灰尘　　　　　　　　　B. 茶叶中有农残

　　C. 茶叶粗老，茶汁不易浸出　　　　D. 茶叶条索太紧实

叶小嘉的答案

1. 暑热天多吃冷饮好不好？

冷饮中的主要成分是水。此外，如冰激凌、雪糕等含有一些糖分及牛奶。这些营养成分较低，不能作为主食来提供营养。如果大量冷饮进入消化道，过冷可严重影响消化液的分泌及胃肠功能。正常消化液中含有胃酸及消化酶类，有助于杀死进入消化道的细菌及促进食物消化吸收。一旦消化液减少，食物的消化吸收就会受到影响，并易造成肠道感染，出现食欲下降、腹痛腹泻及发热等症状。

大量冷饮进入体内，可引起胃黏膜血管收缩，减少胃液分泌，导致食欲下降和影响人体对食物的消化。冷饮的摄入量，一次以 150 mL 左右为宜。

所以，冷饮可以吃，但不能多吃。

2. 喝茶有没有解渴消暑的作用？

天热喝茶可以起到清热解暑、生津止渴、促进消化等作用，天热时可以适量喝茶，但是不要过量饮用。

（1）清热解暑。如果天气过于炎热，可能会导致体内产热量增多，容易诱发身体不适的症状，此时适量喝茶可以起到清热解暑的作用，也能够加快体内的新陈代谢。

（2）生津止渴。适量喝茶可以起到生津止渴的作用，避免天热的状态下身体内缺乏水分。

（3）促进消化。平时适量喝茶也能够促进胃肠道的蠕动，有利于食物的消化和吸收，

避免出现腹胀、腹痛等不适的症状。但是不可以过量饮茶，否则会增加对胃肠道的刺激。

除上述好处外，天热喝茶也可以愉悦心情、强身健体等。

所以，喝茶具有解渴消暑的作用。

3. 有没有香甜可口的绿茶?

茶叶的香气是由茶叶中的芳香物质和儿茶素的变化产生的。在生产加工的过程中，这些物质的微量结合就形成了各种香气。纯正的香气包括品种香、地域香和工艺香。

茶叶甜味物质是茶叶中具有甜味感的物质的总称。对茶的苦味和涩味有协调和掩盖效果。茶叶甜味物质共有三类：以游离态存在于茶叶中的单糖和低聚糖，如葡萄糖、半乳糖、果糖、鼠李糖、麦芽糖和蔗糖等，是茶叶甜味物质的主体部分；带甜味的氨基酸（游离的），如甘氨酸、丙氨酸、丝氨酸、苏氨酸、羟基脯氨酸和在茶叶加工过程中形成的亮氨酸、异亮氨酸、色氨酸、酪氨酸、苯丙氨酸、蛋氨酸、缬氨酸等；茶叶儿茶素生物合成的中间产物二氢查耳酮化合物及其衍生物和香豆素的异构化合物等。春茶和秋茶中甜味物质含量高，其滋味就甘醇而不苦涩，优于夏茶。

所以，尽量选择香气好的春茶，冲泡时投茶量不宜多，茶汤不宜过浓，这样一杯香甜可口的绿茶就泡好了。

【练习1】答案：1. B　2. B　3. A　4. B　5. D　6. D　7. C　8. C　9. A　10. C　11. C　12. B　13. C　14. A　15. C

模块 2

红茶基础知识及冲泡技能

红茶是目前国际市场上销售量最大的茶类，最早产于 16 世纪中叶。

红茶起源于一段意外，相传武夷山桐木关路过一支军队，正在做茶的茶农远远看到以为是土匪进山抢劫，匆忙躲藏。地上有许多茶包，疲惫的士兵们就睡在茶包上。当军队离开后，茶农发现茶叶变色了，不能正常出售。但他们不忍丢弃，便想出了一个再加工的办法，用松木烘干茶叶，意外形成了独特的松烟味。茶农们委托商人带到厦门去卖，因为风味独特而受到欢迎，第二年茶商再次订购，由此，最早的红茶——正山小种就此诞生了。

红茶的制作方法使其易于保存，最长可保存 18 个月。17 世纪，正山小种传入欧洲，逐渐成为英国下午茶的主要用茶。

红茶是中国茶文化和茶历史的一个重要组成部分，对世界各地的茶文化也有很大影响。红茶的种类多，国际贸易以红碎茶为主，主要生产国有印度、斯里兰卡、中国、肯尼亚等。

课程导入

叶小嘉最爱喝的茶饮就是奶茶，尤其是朋友圈里秋天的第一杯奶茶是自己在网红奶茶店排队才买到的，用手机拍完照片后才舍得喝。上课听老师讲云南出产的滇红就是制作调饮茶的最佳原料，周末回到家就急忙翻柜子找红茶，准备制作几份奶茶店买不到的美味红茶。现在叶小嘉的问题来了：

1. 哪类红茶适合做调饮？
2. 制作调饮红茶的基本要求是什么？

学习目标

➤ 知识目标

1. 了解红茶的加工工艺、品质特征及分类，熟悉滇红茶的种类和品质特点。
2. 掌握清饮红茶的冲泡要求和调饮红茶的基本要求。

➤ 能力目标

1. 学会使用盖碗和瓷壶的技巧，掌握红茶冲泡的步骤，能冲泡出汤色、香气和滋味合格的红茶。
2. 掌握红茶调饮的原理，能制作出风味适宜大众的调饮红茶。

➤ 素质目标

1. 通过学习清饮红茶、调饮奶茶、果茶等知识，培养运用视觉、嗅觉、味觉和触觉感知事物的素养，养成独立思考和探索的精神。
2. 通过红茶冲泡技能的学习，培养做事认真、注重细节的习惯，领悟茶艺文化，提升个人品德修养。
3. 关注印度、斯里兰卡、肯尼亚等红茶生产大国的产销变化及全球红茶饮用趋势，培养开拓进取、包容有度的精神。

2.1 红茶基础知识

2.1.1 红茶的分类及品质特征

　　红茶属于全发酵茶，因其干茶色泽和冲泡的茶汤呈红色，故名红茶。红茶制造是通过萎凋提高鲜叶中酶的活力，并在揉捻和发酵中利用酶促进氧化作用，促使茶叶中叶绿素的氧化降解和儿茶素及多酚类化合物的氧化聚合，生成茶黄素、茶红素等有色物质，从而形成红叶红汤的基本特色。

　　中国红茶按制造方法的不同可分为小种红茶、工夫红茶和红碎茶三类。虽然制作方法各有不同，但是具有相同的基本工艺，即萎凋、揉捻（切）、发酵、干燥。发酵是形成红茶品质的关键工序。我国著名的红茶有安徽祁红、云南滇红、湖北宜红、四川川红等。红茶的分类及品质特征如图 2-1 所示。

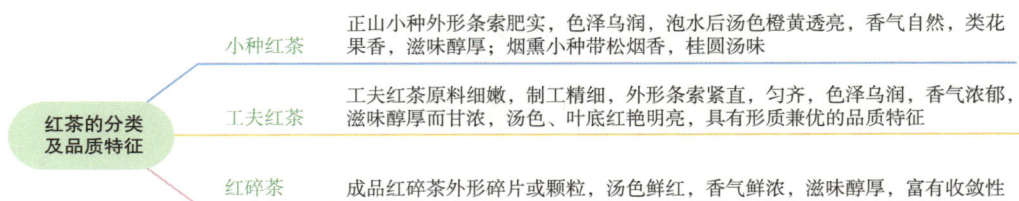

	小种红茶	正山小种外形条索肥实，色泽乌润，泡水后汤色橙黄透亮，香气自然，类花果香，滋味醇厚，烟熏小种带松烟香，桂圆汤味
红茶的分类及品质特征	工夫红茶	工夫红茶原料细嫩，制工精细，外形条索紧直，匀齐，色泽乌润，香气浓郁，滋味醇厚而甘浓，汤色、叶底红艳明亮，具有形质兼优的品质特征
	红碎茶	成品红碎茶外形碎片或颗粒，汤色鲜红，香气鲜浓，滋味醇厚，富有收敛性

图 2-1　红茶的分类及品质特征

红茶外形特征如图 2-2 所示。

（a）　　　　　　　　　（b）　　　　　　　　　（c）

图 2-2　红茶外形特征

（a）小种红茶；（b）工夫红茶；（c）红碎茶

2.1.2 云南红茶的品质特征

　　云南红茶简称滇红，是采用优良的云南大叶种茶树鲜叶，经萎凋、揉捻或揉切、发酵、烘烤等工序制成的成品茶。滇红以"形美、色艳、香高"著称，是中国工夫红茶的后起之秀。滇红的原料是云南大叶种鲜叶，滇红可分为红碎茶、工夫红茶，主要产于云南南部与西南部的临沧、保山、西双版纳、德宏等地区，以金针、金丝、金芽等为代表，各具特色。晒红茶则是滇红的一种演变产品，香气内敛，滋味醇甜。其以大叶种拼配形成，定型产品有叶茶、碎茶、片茶、末茶 4 类共 11 个花色。其外形各有特定规格，身骨重实，色泽调匀，冲泡后汤色红鲜明亮，金圈突出，香气鲜爽，滋味浓强，富有刺激性，叶底红匀鲜亮，加牛奶仍有较强茶味，呈棕色、粉红或姜黄鲜亮，以浓、强、鲜为其特色。

汤色：滇红茶的汤色红鲜明亮，透着金黄，是高品质滇红茶的代表。

香气：滇红茶的香气独特，带有花果香和蜜香，香气持久。

滋味：口感醇厚，滋味鲜爽回甘，茶汤在口中留香持久。

外观：条索紧细，毫锋显露，色泽乌润。

滇红的种类及品质特征如图 2-3 所示。

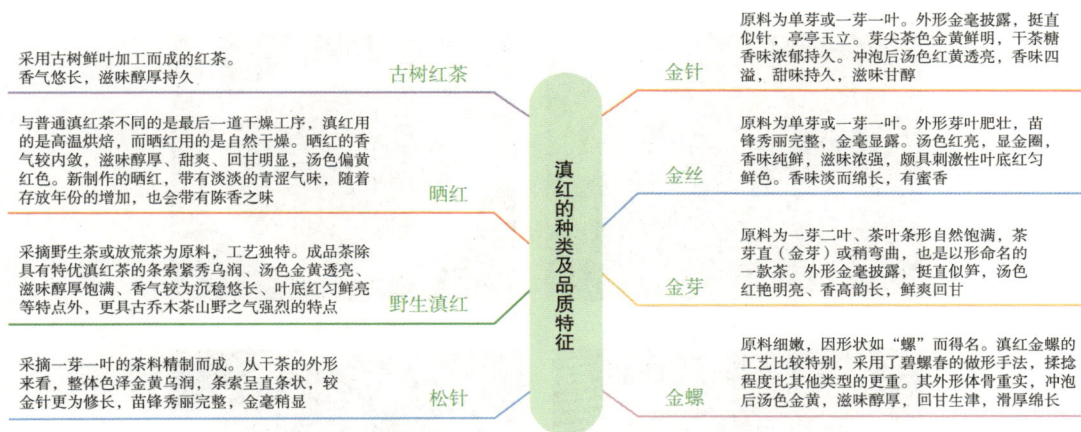

图 2-3　滇红的种类及品质特征

滇红茶还具有以下特点：

（1）产地特色：不同产区的滇红茶具有不同的口味特点，如西双版纳勐海产区的红茶香高味浓、醇厚甜柔；普洱地区的红茶风格更加清新，滋味清甜可口，兼具花香蜜香；临沧地区的凤庆被誉为滇红之都，产出的滇红茶泡起来有红汤金圈，闻起来还有红薯香。

（2）季节性变化：滇红茶因采制时期的不同，其品质具有季节性的变化。一般春茶比夏茶、秋茶好，春茶条索肥硕，身骨壮实，净度好，叶底嫩匀。

（3）茸毫显露：滇红工夫茸毫显露为其品质特点之一，其毫色可分为蛋黄、橘黄、金黄等类。凤庆、云县、昌宁等地区的工夫茶毫色多呈橘黄；勐海、双江、临沧、普洱、文山等地工夫茶毫色多显金黄。

（4）香气与滋味：香气以滇西茶区的云县、凤庆、昌宁为好，尤其是云县部分地区所产的工夫茶香气高长且带有花香。滇南茶区工夫茶滋味浓厚，有较强的刺激性；滇西茶区工夫茶同样滋味醇厚，刺激性较弱但回味鲜爽。

滇红茶外形特征如图 2-4 所示。

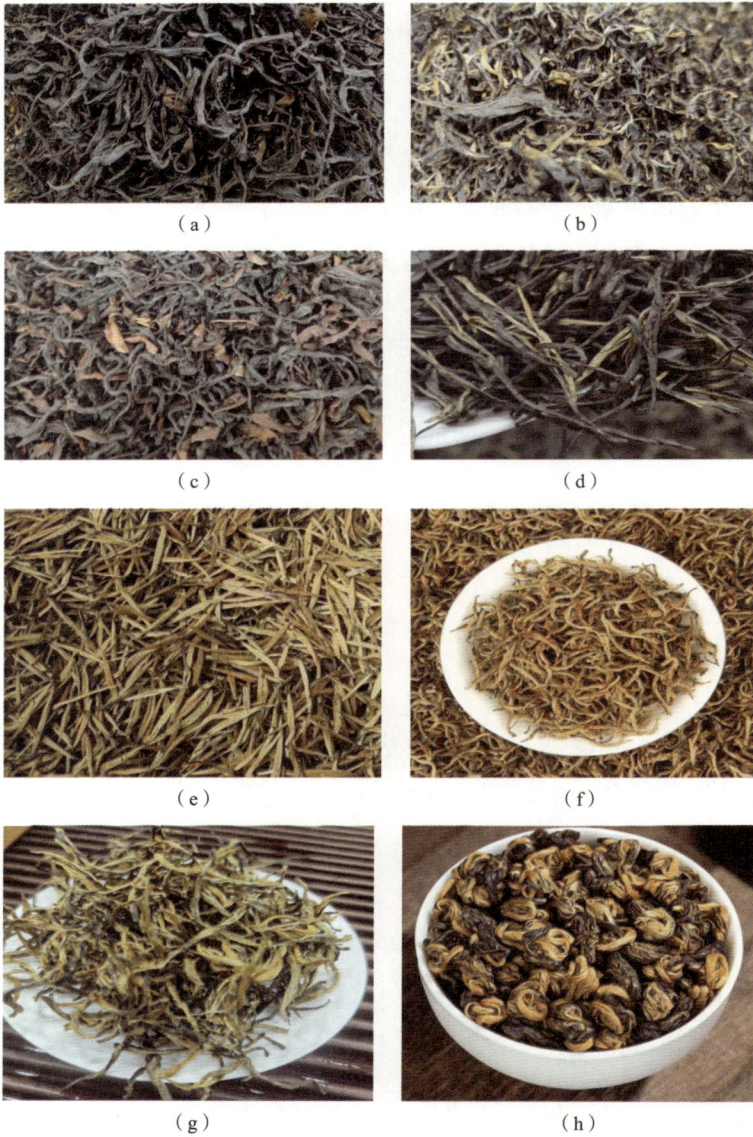

(a)

(b)

(c)

(d)

(e)

(f)

(g)

(h)

图 2-4　滇红茶外形特征

（a）古树红茶；（b）晒红；（c）野生滇红；（d）松针；（e）金针；（f）金丝；（g）金芽；（h）金螺

2.2 实 训

工夫红茶常见饮用方法为清饮法，即不加任何调料的饮用方法。多使用传统的盖碗和壶作为冲泡用具。现在比较流行的方法是调饮法，即加入各种调味品的新式茶饮，用具多为咖啡具、酒具等玻璃制品，更具有视觉冲击。

泡红茶的茶具可以根据使用场合、饮用目的的不同来做选择。

与绿茶不同的是，高水温浸泡能够促进其有益成分的溶出，因此，泡红茶最好用 90 ~ 95 ℃的水，用水量与绿茶相当，茶水比为 1 ：50，冲泡时间以 1 min 左右为佳。工夫红茶可冲泡 5 ~ 6 次。

实训 2-1 红茶冲泡练习

1. 红茶清饮（盖碗泡法）

	主泡用具	辅助用具	其他
准备茶具	一套盖碗	随手泡 1 把、公道杯 1 个、4 个品茗杯、茶荷 1 个、茶匙 1 个、茶巾 1 块、杯垫 6 个、奉茶盘 1 个、水盂 1 个	滇红、沸水、背景音乐
冲泡程序	备水、备茶、备具→行礼、自报冲泡茶叶及主泡用具→入座、温杯洁具→赏茶、投茶→注水温润泡→奉茶→收具、行礼		
操作要领	1. 神态自然、动作连贯有节奏。 2. 服装整洁，女性可化淡妆，站姿、坐姿、走姿、行礼合乎礼仪要求。 3. 投茶量、注水量合乎标准		
操作要求	1. 会排解紧张情绪，调整心态达到表情自然放松。 2. 冲泡程序正确无误		
小组评价	完成度在小组属于：		
个人小结	对冲泡程序的掌握情况为： 对投茶量的掌握情况为： 对冲水环节的掌握情况为： 整体表现为： 还需要提高：		
教师评价			

2. 红茶清饮（瓷壶泡法）

	主泡用具	辅助用具	其他
准备茶具	一把瓷壶	随手泡 1 把、公道杯 1 个、4 个品茗杯、茶荷 1 个、茶匙 1 个、茶巾 1 块、杯垫 6 个、奉茶盘 1 个、水盂 1 个	滇红、沸水、背景音乐
冲泡程序	备水、备茶、备具→行礼、自报冲泡茶叶及主泡用具→入座、温杯洁具→赏茶、投茶→注水温润泡→奉茶→收具、行礼		
操作要领	1. 神态自然、动作连贯有节奏。 2. 服装整洁，女性可化淡妆，站姿、坐姿、走姿、行礼合乎礼仪要求。 3. 投茶量、注水量合乎标准		
操作要求	1. 会排解紧张情绪，调整心态达到表情自然放松。 2. 冲泡程序正确无误		
小组评价	完成度在小组属于：		
个人小结	对冲泡程序的掌握情况为： 对投茶量的掌握情况为： 对冲水环节的掌握情况为： 整体表现为： 还需要提高：		
教师评价			

🍵 **实训 2-2　红茶茶艺展示**

千里、千年、千寻

【设计理念】纵观世纪的长河中，大唐盛世是中华民族悠久历史中最为璀璨的篇章，大唐政治开明，思想解放，人才济济，疆域辽阔，国防巩固，民族和睦，声誉远播，在当时世界上是最繁荣昌盛的国家之一。大唐与亚欧国家均有往来，积极接纳各国交流学习，形成多元的文化。大唐皇帝被各族人民尊称为"天可汗"，此时的唐王朝，呈现了四方宾服、万邦来贺的盛景。北有"丝绸之路"，南有"茶马古道"，中国的丝绸、茶叶、瓷器经这两条道路，远播到南亚、西亚乃至欧洲各国。

	主泡用具	辅助用具	其他
准备茶具	设计由1人主泡，紫陶盖碗1个	随手泡1把、茶荷1个、茶匙1个、茶巾1块、杯垫3个、奉茶盘1个、水盂1个	1. 凤庆滇红； 2. 云南少数民族服饰； 3. 背景音乐选择《邵乐》
茶席	白色的桌布配合米色的茶旗，用云南独特的建水紫陶茶具作装饰，营造茶马古道氛围		
冲泡程序	备水、备茶、备具→行礼、自报冲泡茶叶及主泡用具→入座、温杯洁具→赏茶、投茶→注水→奉茶→收具、行礼		
解说词	山涧间响起悠悠的马铃，陡峭的山岩间是马帮男人们浑厚的歌嗓哼唱着云南的山歌，那遥遥的茶马古道仿佛就出现在眼前。 千里："茶马古道"在云南境内的重要节点就是唐朝时期南诏政权的首府所在地——大理。马帮从普洱府出发，经过大理、丽江、中甸、德钦，到达西藏邦达、察隅或昌都、洛隆、工布江达、拉萨，然后经江孜、亚东，分别到达缅甸、尼泊尔、印度，国内路线全长为3 800多千米。高山大河阻隔了不同地域与社会之间的交通，而商品贸易和文化交流则突破着这些阻隔。唐朝以来，饮茶成为汉文化的一个象征，茶叶因此从西南和南方的出产区被长途贩运到西部和北部的消费区，而且沿途被消耗，就强化了各地区、各族群、各民族之间的联系。茶叶的长途贸易激活和串联起各地，此前以产盐地为中心的那种局域性古道网络，形成了茶马古道网络。 千年：千年之前，茶马古道承载着厚重的历史文化，它是一条运输的古道，也是一条进行交易的商道。它紧密连接着内地与西部、中国与东南亚乃至西亚各国，是一条国际性的大通道。它是各民族政治文化经济交流中的一条纽带，促进了各民族间的相互融合。千年之后，茶马贸易十分重要的枢纽和市场重镇变成了旅游胜地，游客纷纷攘攘地寻觅大理、丽江、香格里拉、德钦留下的千年古道痕迹。柴米油盐酱醋茶中的茶成为大众生活中不可或缺的一部分，茶从千年的唐朝传承到了千年后的今天，生生不息。 千寻：茶由中国向世界的千里传播中，形成了多种饮用及加工方法。经过千年的传承，增添新的内容及新的内涵，追根溯源，茶经过千里的传播、千年的传承、千变万化的加工工艺及饮用方式，不变的是茶的起点都在这。众里寻他千百度，蓦然回首，那人却在灯火阑珊处。无论怎么变，我们都是最早采茶、种茶、饮茶，最早创立茶文化的国家。如今的中国在快速发展，文化自信对国家和民族的发展至关重要，"中国梦"的实现，离不开"兴国之魂"的科学理论和先进文化建设。一个民族的兴旺、一个国家的崛起，都离不开自信的精神品质。从古代到现代，从中国到外国，人类社会的每次进步，无不伴随着文化的繁荣昌盛		

实训 2-3　课外拓展练习

1. 调饮果茶

炎热的夏季，调饮茶是近来流行的茶饮，基本原理是在茶汤中加入各种果汁、果品，增加饮品的丰富性。建议选取红茶为主料，选择与红茶口味相匹配的果汁、果品，制作一款接纳度较高的调饮茶，并给自己的饮品取一个个性化的名字。

	用具	其他
准备用品	1. 盖碗； 2. 玻璃杯（建议使用高脚果汁杯）	1. 优质红茶； 2. 矿泉水； 3. 水果或果汁

制作程序	备水、备茶、备具→温杯洁具→投茶→取茶汤（沸水冲泡降温或冰块冷萃）→加入水果或果汁→根据个人需要加入糖或糖浆→取出饮用
品饮感受	
总结用料和配比	
取名	

2. 制作奶茶

玻璃壶煮泡红茶调饮：当代创新奶茶、水果茶的种类与日俱增，各小组创新符合时代气息的红茶＋水果、红茶＋奶的特色调饮。

	主泡用具	辅助用具	其他
准备茶具	玻璃壶	随手泡1把、4个玻璃杯、茶荷1个、茶匙1个、茶巾1个、杯垫个、奉茶盘1个、水盂1个、水果、牛奶	选用茶、沸水、背景音乐
制作程序	备水、备茶、备具→介绍冲泡茶叶及主泡用具→温杯洁具→赏茶、投茶→注水温润泡→冲泡（或煮）→加入牛奶→加糖或其他调味品→分装品饮		
操作要领	1. 神态自然、动作连贯有节奏。 2. 服装整洁，女性可化淡妆，站姿、坐姿、走姿、行礼合乎礼仪要求。 3. 投茶量、注水量合乎标准		
操作要求	1. 会排解紧张情绪，调整心态达到表情自然放松。 2. 冲泡程序正确无误		
冲泡及品饮感受			

学习小结

　　本模块学习红茶基础知识及冲泡技能，涉及的多是云南本地的红茶，如凤庆滇红、昌宁红等，与省外的金骏眉、正山小种等名优红茶相比较各有千秋。云南红茶在茶树品种、品饮价值、消费者认可度等方面有其优势，产业规模进一步扩大，未来可期。

🔗 文旅知识链接 2.1

滇红创始人冯绍裘

　　冯绍裘是机制茶之父、滇红创始人，被称为中国著名的红茶专家。他一生潜心茶叶研究和生产，改写了戴维斯描述的云南茶叶历史。他寻得中国红茶宝地，创制出世界一流红茶，并且开启了中国红茶新纪元，为我国培养出大批的茶叶专家。

　　1938 年秋，冯绍裘在顺宁（今凤庆县）创制成功滇红名茶，滇红制作工艺萎凋、揉捻、发酵、烘焙四大工艺由此固定下来，并一直沿用至今。冯绍裘的发明和发现为云南茶叶的发展和滇红成为世界知名红茶奠定了基石，是当时乃至当今的云南茶叶之最。

　　冯绍裘在凤山采摘标准芽叶约 5 kg，以熟练的手工制茶技术制成一红一绿两个样品，经专家认定红茶和绿茶品质都是上乘的。1939 年 3 月，顺宁试验茶厂（即凤庆茶厂前身）创建，云南红茶问世。首批云南红茶取名"云红"，出口 16.7 吨（1 吨=1 000 千克），经香港远销伦敦，以 800 便士拍出伦敦市场最高价，引起了伦敦市场的轰动。1940 年，云南红茶统一改称滇红，一直沿用至今。

　　滇红茶一经问世，便成为抗战期间出口换汇购买军械装备的战略物资，被誉为"抗战茶""爱国茶"。当时一吨滇红换十吨钢，为抗战胜利作出了不可磨灭的贡献。滇红茶的诞生在云南茶产业的发展中具有极其重要的开创性意义。滇红茶的诞生促进云南茶叶从传统副业向支柱产业的转变；滇红茶的诞生实现了云茶产品由内销为主向出口创汇为主的转变；滇红茶的诞生促进了临沧茶类由单一的普洱茶向多茶类发展的转变。

　　滇红茶的诞生推动了云茶产业由传统的手工制作向机械化生产的转变，促进了制茶工业的发展。多年来，滇红茶的产销带动了云南茶园面积的快速发展，茶叶产量的不断增加，经济效益的大幅提高，促进了茶农增收、财政增长、企业增效，为富民兴滇立下了汗马功劳。

　　滇红茶的诞生为古老传统的云茶产业铸造了辉煌的历史，在云南茶叶产业发展中具有极其重要的地位和作用。滇红茶制作工艺 2013 年 12 月被确定为云南省第三批省级非物质文化遗产。

🔗 **文旅知识链接 2.2**

鲁史古镇

云南的美景数不胜数，吸引着无数游客前来游玩。除家喻户晓的景点外，云南还有许多鲜为人知的地方，其中就包括鲁史镇这座低调却充满魅力的古镇。鲁史镇位于云南临沧市凤庆县的深山中，被誉为"茶叶之乡"。镇中的金鸡村还保存着百株古茶树，是传统茶文化的重要见证。此外，镇中还保留着一条宽度超过 3 m 的青石古道，将古镇一分为二。在青龙桥建成后，鲁史的交通得到了明显改善，越来越多的马帮商人涌入这座曾经在滇西茶马古道上扮演重要角色的驿站，使鲁史镇逐渐繁荣起来。著名旅行家徐霞客也曾到访过鲁史镇，并对这里的繁荣感到赞叹。在过去的 600 多年历史中，马帮在这里运输丝绸百货，带来了中原文化，同时，又将当地的药材和茶叶运往外地。

鲁史镇原名阿鲁司，有着浓厚的文化底蕴和悠久的历史。在彝语中，"阿鲁"意为小镇，后来演变为"阿鲁司"，而今的名字则是后来的转音结果。鲁史镇坐落在一片深山之中，坐南朝北，占地面积达到 43 万 m²，东西长度为 800 m，南北宽度为 538 m。整个古镇呈坡形布局，由三条街道、七条巷和一个广场组成。三条街道代表了"天、地、人"，分别是楼梯街、上平街和下平街。七条巷则象征着北斗七星，而魁阁巷是北斗七星斗柄的中心。广场则是四方街。鲁史镇的古建筑群保存完好，规模宏大。当地的民宅建筑风格融合了北方四合院和江浙地区民居的风格，四合院内都有花园，三合院则有花台，而古建筑的壁画更是栩栩如生。鲁史古镇：一个充满历史底蕴和文化气息的地方。

练习 2

单选题（每题 2 分，共 20 分）

1. 红茶的初加工是指（   ）。
   A. 摊凉、烘焙、杀青、干燥
   B. 杀青、揉捻、干燥、烘焙
   C. 杀青、揉捻、烘焙、发酵
   D. 萎凋、揉捻、发酵、烘焙

2. 以下为十大名茶的是（   ）。
   A. 正山小种   B. 金骏眉   C. 滇红   D. 祁门红茶

3. 红茶汤色红而鲜艳，似琥珀而带有"金边"，则运用（   ）术语描述。
   A. 棕红   B. 红浓   C. 红艳   D. 深红

4. 高级工夫红茶的色泽为（　　　）。

    A. 乌黑　　　　　　　B. 乌褐　　　　　　　C. 乌暗　　　　　　　D. 红褐

5. （　　　）是红茶的主要产地。

    A. 湖北　　　　　　　B. 云南　　　　　　　C. 浙江　　　　　　　D. 四川

6. 外形特征"圆结重实、光滑、墨绿光亮"属于珠茶（　　　）。

    A. 特级　　　　　　　B. 一级　　　　　　　C. 二级　　　　　　　D. 三级

7. 红茶汤色透明而稍有光彩，则运用（　　　）术语描述。

    A. 红浓　　　　　　　B. 红明　　　　　　　C. 红艳　　　　　　　D. 深红

8. （　　　）适宜纸包和纸袋装茶叶。

    A. 灰藏法　　　　　　　　　　　　　　　B. 抽气充氮

    C. 低温储藏　　　　　　　　　　　　　　D. 仓库储存

9. 一级中小叶工夫红茶的外形品质特征为（　　　）。

    A. 细紧多锋苗　　　　　　　　　　　　　B. 紧细有锋苗

    C. 紧细　　　　　　　　　　　　　　　　D. 尚紧细

10. 红茶香气出现香气新鲜、活泼，具有舒爽的感觉，运用（　　　）术语描述。

    A. 鲜爽　　　　　　　B. 浓烈　　　　　　　C. 鲜甜　　　　　　　D. 甜和

叶小嘉的答案

1. 哪类红茶适合做调饮？

红茶饮用有清饮和调饮两种方法。清饮适宜选用香气高扬、苦涩味低的小种红茶和工夫红茶；调饮则适宜选择滋味鲜爽浓强、刺激性强的工夫红茶或红碎茶。

2. 制作调饮红茶的基本要求是什么？

红茶是亲和力最好的茶，可以搭配甜味的糖和蜂蜜、酸味的柠檬和酸木瓜、用作调料的食用花瓣、桂皮和薄荷、鲜牛奶、鲜果汁、冰块等，制作一杯风味独特的调味茶。从健康的角度而言，需要注意以下几点。

（1）茶汤浓度不宜太高，以免高含量的茶多酚刺激中枢神经导致兴奋，影响休息。

（2）加糖要适量，过量的糖分摄取对健康不利，对需要控制血糖的饮用者来说更是忌讳。

（3）夏天制作冰红茶自然凉爽可口，但需要注意用具、茶汤和配料的卫生，切忌使用过期变质食品。

（4）制作调饮红茶建议准备一份茶点，配合茶饮效果更佳。

【练习 2】答案：1. D　2. D　3. C　4. A　5. B　6. B　7. B　8. A　9. B　10. A

模块 3

普洱茶基础知识及冲泡技能

普洱茶是云南的历史名茶，也是近 20 年来备受关注的茶类。不仅各地茶叶市场、茶庄、茶楼大多有普洱茶销售，分布全国的普洱茶品牌店、专卖店、体验店更是数不胜数。诸如"老班章""冰岛""昔归"……已经成为行业内外众所皆知的普洱茶代表茶。

追溯普洱茶的历史，其古老的制作工艺反映了我国各民族的先民顺应自然规律、遵循自然法则、以质朴胜繁华的秉性。2023 年 9 月 17 日，联合国教科文组织第 45 届世界遗产大会通过决议，将中国"普洱景迈山古茶林文化景观"列入《世界遗产名录》。"普洱景迈山古茶林文化景观"申遗成功，成为全球首个茶主题世界文化遗产。这无疑是对云南茶文化传承的充分肯定和褒扬。

课程导入

叶小嘉虽然喝茶不多，但是对普洱茶耳濡目染，这几年家人、同学、媒体轮番宣传，自认为对普洱茶即便做不到了如指掌起码也知道个七八分。没想到有一次参观茶博会把喝过的红茶当作普洱茶熟茶称赞了一番，闹了个大红脸尴尬得不得了，这才找书本认真学习了一下。现在问题来了：

1. 普洱茶熟茶和红茶有什么不同？
2. 只有价格高的普洱茶才是好普洱茶吗？
3. 如何选购普洱茶？

学习目标

➤ **知识目标**

1. 了解普洱茶的加工工艺，熟悉普洱茶的品质特征。
2. 熟记普洱茶的类别和代表性茶品。
3. 了解盖碗、紫陶壶的特质、适泡茶等相关知识。

➤ **能力目标**

1. 能根据相关知识正确识别普洱生茶、普洱熟茶。
2. 能掌握紧压茶解茶的方法和使用紫陶罐存储醒茶的方法。
3. 能掌握使用盖碗和紫陶壶冲泡普洱茶的程序。
4. 能冲泡出兼具汤色、香气和滋味特点的普洱茶。

➤ **素质目标**

1. 通过自己的旅游参观体验，对云南丰富的茶叶资源有一定的认知，培养热爱家乡的情感，加深对"绿水青山就是金山银山"的认知。
2. 查找饮茶与健康的相关资料，选择适合自己的茶类，养成自己动手制作茶饮的习惯，减少饮用高糖、高添加剂饮品的频次，逐步培养健康生活的意识和习惯。

3.1 普洱茶基础知识

3.1.1 普洱茶的分类及品质特征

根据 2008 年 6 月 17 日发布的中华人民共和国国家标准《地理标志产品·普洱茶》表述，普洱茶是以地理标志保护范围内的云南大叶种晒青茶为原料，并在地理标志保护范围内采用特定的加工工艺制成的，具有独特品质特征的茶叶。按加工工艺和品质特征，分为普洱生茶和普洱熟茶。按照外形形态可分为散茶和紧压茶。

生茶即使用晒青绿茶为原料，经蒸压、揉捻而成的各种形状的紧压茶；熟茶是使用晒青绿茶为原料，经渥堆发酵工艺后形成的散茶和紧压茶。

普洱茶（生茶）紧压茶外形色泽墨绿，形状端正匀整、松紧适度、不起层脱面；洒面茶应包心不外露；内质香气清纯、滋味浓醇、汤色明亮，叶底肥厚黄绿。

普洱茶（熟茶）紧压茶外形色泽褐红，形状端正匀整、松紧适度、不起层脱面；洒面茶应包心不外露；内质汤色红浓明亮，香气独特陈香，滋味醇厚回甘，叶底红褐。

除生茶、熟茶分类外，还有按照时间长短来划分的新茶、老茶和中期茶。新茶即当年加工制作的茶；老茶一般是指储存期为 20 年以上的茶；中期茶是储存期为 10 ～ 20 年的茶。一般来说，茶叶贵新，如绿茶，当年的绿茶香气清新，滋味鲜爽；存放时间长则香气减弱，无清新和鲜爽感，陈味出现。而普洱茶与绿茶不同，将其储存在湿度和温度适宜的环境中，其仍然有酶促转化，形成与新茶不同的气味、滋味和口感。就市场价格而言，一般是中期茶价格明显高于新茶，老茶的价格又远远高于中期茶。值得注意的是，老茶属稀有商品，造假仿冒居多，爱好者切忌抱有捡漏心理，以防上当受骗。

3.1.2 普洱茶紧压茶的类型及规格

普洱茶紧压茶有圆饼状、方砖形、圆球状、碗臼形、金瓜形、葫芦形、糖果形等，花色繁多。下面介绍一些常见的种类，如图 3-1 所示。

普洱茶外形特征如图 3-2 所示。

目前市场上有很多牌匾型、挂件型茶叶工艺品。其使用功能为观赏装饰，不具备品饮价值 — 其他

糖果形普洱茶是独立包装的一次性冲泡茶叶，方便日常携带和冲泡 — 糖果形

金瓜形普洱茶是传统贡茶，至今故宫博物院还收藏有清代贡茶。如今的茶庄、茶楼经营者会订购大小不一的金瓜茶叠放在室内，起宣传、装饰作用 — 金瓜形

普洱茶紧压茶的类型

圆饼状 — 圆饼状普洱茶也称为七子饼茶，是传统式样中占比最大的。其传统规格标准为每片357 g，七片为一提，加包棉纸和竹笋壳为2.5 kg，12提为一支，重30 kg，用竹筐盛装。21世纪初普洱茶兴起后各厂家的规格五花八门，应有尽有

方砖形 — 普洱茶方砖在清代就是贡茶的一个品种。现代加工时以铁匣子为模具紧压而成。规格有250 g、500 g、1 000 g、2 000 g等

圆球状 — 圆球状普洱茶为传统形状，有200 g、500 g等规格。近年为方便客户携带和冲泡，商家大量生产8 g重的圆球状茶，称其为"龙珠"

碗臼形 — 碗臼型普洱茶最有名的是下关沱茶，1976年由下关茶厂试制成功，屡屡斩获多项大奖

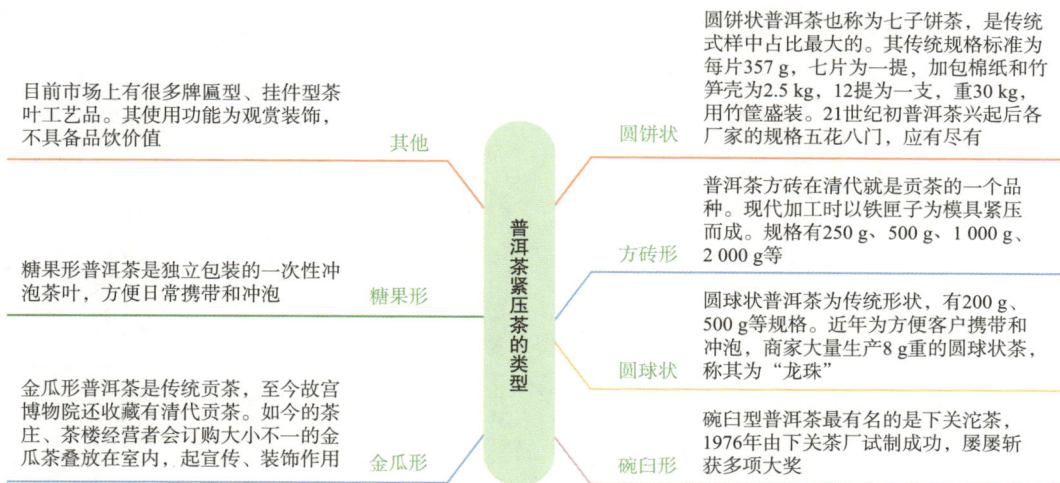

图 3-1　普洱茶紧压茶的类型

（a）　　　　（b）　　　　（c）　　　　（d）

（e）　　　　（f）　　　　（g）

图 3-2　普洱茶外形特征

（a）圆饼状；（b）方砖形；（c）金瓜形；（d）糖果形；（e）圆球状；（f）碗臼形；（g）普洱茶工艺品

3.1.3　普洱茶的冲泡用具

　　云南少数民族众多，居住在山区、半山区，尤其是高海拔地区的少数民族生活中具有用木柴烧火塘的习俗，吃烤茶也就应运而生。烤茶使用的是当地生产的陶土罐，将适量散茶放入烤茶罐中，手持烤茶罐在火塘边抖动翻滚茶叶，当茶叶烤出焦香即可倒入大一点的陶土罐，提起火塘上的开水壶加入开水，待罐中茶汤烧开，一罐浓香四溢、苦涩回甘的酽茶就煮好了。

　　现在人们的生活条件有了明显的改善，用柴火烤茶煮茶的环境也不复存在。况且茶艺

讲究洁净美观加实用，盖碗和各种茶壶便成为冲泡普洱茶的主要用具。下面对它们作一个简单介绍，如图3-3所示。

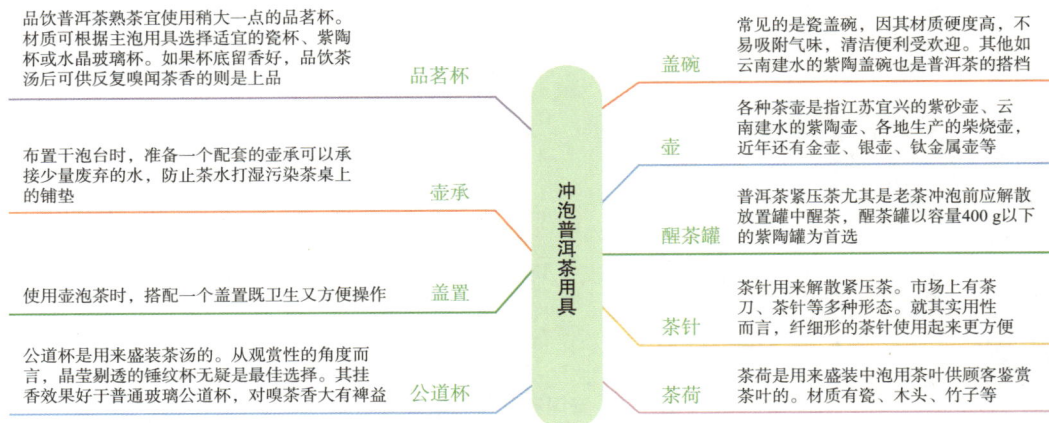

| 品茗杯 | 品饮普洱茶熟茶宜使用稍大一点的品茗杯。材质可根据主泡用具选择适宜的瓷杯、紫陶杯或水晶玻璃杯。如果杯底留香好，品饮茶汤后可供反复嗅闻茶香的则是上品 |

盖碗：常见的是瓷盖碗，因其材质硬度高，不易吸附气味，清洁便利受欢迎。其他如云南建水的紫陶盖碗也是普洱茶的搭档

壶承：布置干泡台时，准备一个配套的壶承可以承接少量废弃的水，防止茶水打湿污染茶桌上的铺垫

壶：各种茶壶是指江苏宜兴的紫砂壶、云南建水的紫陶壶、各地生产的柴烧壶，近年还有金壶、银壶、钛金属壶等

盖置：使用壶泡茶时，搭配一个盖置既卫生又方便操作

醒茶罐：普洱茶紧压茶尤其是老茶冲泡前应解散放置罐中醒茶，醒茶罐以容量400 g以下的紫陶罐为首选

公道杯：公道杯是用来盛装茶汤的。从观赏性的角度而言，晶莹剔透的锤纹杯无疑是最佳选择。其挂香效果好于普通玻璃公道杯，对嗅茶香大有裨益

茶针：茶针用来解散紧压茶。市场上有茶刀、茶针等多种形态。就其实用性而言，纤细形的茶针使用起来更方便

茶荷：茶荷是用来盛装冲泡用茶叶供顾客鉴赏茶叶的。材质有瓷、木头、竹子等

（冲泡普洱茶用具）

图3-3　茶具介绍

普洱茶冲泡用具如图3-4所示。

（a）　（b）　（c）　（d）

（e）　（f）　（g）　（h）

（i）　（j）　（k）　（l）

图3-4　普洱茶冲泡用具

（a）品茗杯；（b）壶承；（c）盖碗；（d）紫砂壶；（e）盖置；（f）公道杯；（g）紫陶壶；（h）柴烧壶；（i）银壶；（j）醒茶罐；（k）茶针；（l）茶荷

3.2 实 训

与绿茶和红茶相比较，普洱茶大多原料粗老，投茶量相对而言要稍多一点。根据冲泡用具的容量大小可以在 6～10 g 作出选择。

普洱茶冲泡前首先应醒茶，用沸水醒茶既可以冲洗掉茶叶中的微量杂质，又可以使茶叶吸收水分和热气。尤其是储存期较长的茶叶，醒茶后使茶叶与空气充分接触，冲泡出来的茶汤可以避免口感干涩的问题。

注水也是有讲究的，冲泡普洱茶生茶一般采用回旋高冲的注水法，冲泡普洱茶熟茶和老茶一般采用定点高冲的注水法。冲泡过的熟茶不宜搅动，否则茶汤会变得浑浊。

其次是水温。根据茶叶的老嫩，粗老的茶叶需要用高温的水冲泡，细嫩的茶叶则选择相对较低水温的水来冲泡。

最后是浸泡的时间和次数。茶叶中的茶汁渗出并溶解在水中形成茶汤需要一个过程，注水马上出汤则茶汤淡薄。此外，茶叶中的可溶解物是有限的，虽然云南大叶种茶耐泡度好，但是连续不断地冲泡七八次之后也会色浅味淡，如果能够延长每泡茶冲泡的间隔时间，冲泡次数还可以增加。

除冲泡外，粗老的黄片和老茶还可以采用煮茶的方式来品饮。经过烹煮后，茶叶中的浸出物更加丰富，口感也更好。

实训 3-1 普洱茶冲泡基础

1. 盖碗冲泡普洱茶

	主泡用具	辅助用具	其他
准备茶具	一套盖碗	随手泡 1 把、公道杯 1 个、4 个品茗杯、茶荷 1 个、茶匙 1 个、茶巾 1 块、杯垫 6 个、奉茶盘 1 个、水盂 1 个	普洱茶生茶、沸水、背景音乐
冲泡程序	备水、备茶、备具→行礼、自报冲泡茶叶及主泡用具→入座、温杯洁具→赏茶、投茶→注水快速醒茶→冲泡→分茶→奉茶→收具、行礼		
操作要领	1. 神态自然、动作连贯有节奏。 2. 服装整洁，女性可化淡妆，站姿、坐姿、走姿、行礼合乎礼仪要求。 3. 投茶量、注水量合乎标准		
操作要求	1. 会排解紧张情绪，调整心态达到表情自然放松。 2. 冲泡程序正确无误		
小组评价	完成度在小组属于：		

个人小结	对冲泡程序的掌握情况为： 对投茶量的掌握情况为： 对冲水环节的掌握情况为： 整体表现为： 还需要提高：
教师评价	

2. 紫陶壶冲泡普洱茶

	主泡用具	辅助用具	其他
准备茶具	建水紫陶壶	随手泡 1 把、公道杯 1 个、4 个品茗杯、茶荷 1 个、茶匙 1 个、茶巾 1 块、杯垫 6 个、奉茶盘 1 个、水盂 1 个	普洱熟茶、沸水、背景音乐
冲泡程序	备水、备茶、备具→行礼、自报冲泡茶叶及主泡用具→入座、温杯洁具→赏茶、投茶→注水快速醒茶→冲泡→分茶→奉茶→收具、行礼		
操作要领	1. 神态自然、动作连贯有节奏。 2. 服装整洁，女性可化淡妆，站姿、坐姿、走姿、行礼合乎礼仪要求。 3. 投茶量、注水量合乎标准		
操作要求	1. 会排解紧张情绪，调整心态达到表情自然放松。 2. 冲泡程序正确无误		
小组评价	完成度在小组属于：		
个人小结	对冲泡程序的掌握情况为： 对投茶量的掌握情况为： 对冲水环节的掌握情况为： 整体表现为： 还需要提高：		
教师评价			

实训 3-2　普洱茶茶艺展示

1. 普洱茶生茶茶艺

幽兰生虽晚，幽香亦难歇

【设计理念】2023 年 9 月 17 日，"普洱景迈山古茶林文化景观"申遗成功，成为全球首个茶主题世界文化遗产。于茶界而言，无疑是值得大书特书的历史大事件。生活在大寨的傣族玄宝一家听闻喜讯，特意在晚饭时加了两个菜——从景迈山古茶林自家茶树上采摘的茶花和鲜叶，饭桌上讨论的是茶树的管养。平静的生活没有因为申遗成功而打乱。茶艺设计通过冲泡古树茶的兰香雅韵反映傣族茶农世代管养古茶树，制茶卖茶，与茶息息相关的生活。

	主泡用具	辅助用具	其他
准备茶具	盖碗一套	随手泡 1 把、茶荷 1 个、茶匙 1 个、茶巾 1 块、杯垫 6 个、奉茶盘 1 个、水盂 1 个、瓷茶碗 6 个	1. 景迈山古树生茶、沸水； 2. 服装、铺垫和饰品可选择傣族特色； 3. 背景音乐《竹林深处》
茶席		1. 背景选择景迈山千年万亩古茶林照片投影或制作写真； 2. 茶席以兰花做饰品，表现清新高雅	
冲泡程序		备水、备茶、备具→行礼、自报冲泡茶叶及主泡用具→入座、温杯洁具→赏茶、投茶→注水快速醒茶→冲泡→分茶→奉茶→收具、行礼	
解说词		普洱景迈山古茶林是布朗族、傣族、哈尼族祖先的共同居住地，他们先民种植了大片茶树并代代相传，景迈山千年万亩古茶林是保存至今的古老茶园。2023 年 9 月 17 日，"普洱景迈山古茶林文化景观"申遗成功，成为全球首个茶主题世界文化遗产。 中国茶山众多，云南茶山众多，为什么入选的是景迈山？请跟随我们的脚步进入景迈山大寨的一户傣族茶农家寻找答案。 得知景迈山申遗成功，傣族茶农玄宝一家松了口气。晚饭时，女主人玄宝特意加了两个菜：一个菜是用从自家古茶园采摘的茶花蒸鸡蛋，花的清香混合了蛋香，白色花瓣在黄色的蛋羹里更显耀眼；另一个菜则是一盘洗净的古茶树嫩叶，加了点野薄荷，吃时用筷子夹上几片，在酸辣味的蘸水里蘸一下，入口酸辣鲜美。还有一锅鸡汤是加了古茶树上生长的螃蟹脚，喝起来清香微苦，比单独炖鸡好喝多了。傣族茶农的生活就这样与茶息息相关。 晚饭后的茶饮是 9 点钟才开始的。玄宝特意找出自家加工的古树茶，让客人充分体验景迈茶的特点。 闻香是品饮前的必备环节，待公道杯中的醒茶汤筛尽，轻轻摇晃公道杯待杯温降低就可以靠近鼻端嗅闻茶的气味，还是让人熟悉的兰花香，清新而幽远，高雅而不浓郁，令人心旷神怡，倦意顿消。茶汤入口，强烈的山野气禁不住让人慢慢咀嚼回味……这样一碗茶，可以一直品饮到夜深，让人流连忘返，久久不愿离去。 第二天清晨，跟随玄宝走进阳光灿烂的景迈山古茶林，感受茶与生活在这里的少数民族的休戚与共，终于找到了景迈山之所以成为世界首个茶主题世界文化遗产的答案

2. 普洱茶熟茶茶艺

深情的守望

【设计理念】普洱茶熟茶虽然是现代工艺制作的茶品，但是一经问世便受众广泛。其木质化的陈香、红浓明亮的汤色、醇厚回甘的滋味，再加上一系列保健养生功能，以致有研究者感慨：普洱茶的明天是熟茶。熟茶茶艺以熟茶特质为依托，演绎人与人之间相濡以沫、忠贞不渝的情感。

	主泡用具	辅助用具	其他
准备茶具	一只紫陶壶	随手泡1把、茶荷1个、茶匙1个、茶巾1块、紫陶杯2只、杯垫2个、紫陶小水盂1个	1. 普洱熟茶、沸水； 2. 服装、铺垫和饰品； 3. 背景音乐《高山流水》
茶席	以素雅的桌布作铺垫		
冲泡程序	备水、备茶、备具→行礼、自报冲泡茶叶及主泡用具→入座、温杯洁具→赏茶、投茶→注水快速醒茶→冲泡→分茶、奉茶→收具、行礼		
解说词	与传统普洱相比，熟茶属于现代工艺生产的茶品，但一经问世便受众广泛。其木质化的陈香、红浓明亮的汤色、醇厚回甘的滋味，再加上一系列保健养生功能，以致有研究者感慨：普洱茶的明天是熟茶。 今天我们选的茶是一款古树熟茶，其外形条索紧结肥硕，色泽红褐油润，显金毫。主泡用具是产自云南建水的紫陶壶，品茗杯选用建水紫陶制品。 找到一泡好喝的熟茶不易，与相知相守的人共饮更是不易。生活中太多的鸡毛蒜皮常让人忘却了共同生活的目的而一味地追求世俗的名利和荣誉，抛开了一杯茶就可以带来的快乐和幸福。 投茶、注水、拿起、放下。当两个相知的人用这样简单的方式交谈，香气或浓或淡，滋味或苦或甜，茶汤或烫或温，一切尽在泡茶人和饮茶人的眼神中传递。 如果有追求，我想是红红火火的日子，一如红浓明亮的茶汤，透着迷人的光辉；亦是温润回甘的茶汤，让人深情眷念、流连忘返；更是那一缕清香，书写一段难忘的篇章		

3. 普洱茶老茶茶艺

时光的味道

【设计理念】普洱茶老茶被称为可以喝的古董，一度占据了中国香港、台湾各大拍卖活动的榜单。真正的老茶不仅要满足存放的年限，更重要的条件还有好的原料、好的工艺和好的储存三个。品饮老茶可以使人沉浸在时间的隧道中，用身心感受时光的味道，享受一段曼妙的人生。

	主泡用具	辅助用具	其他
准备茶具	一套蒸沏壶	随手泡1把、茶荷1个、茶匙1个、茶巾1块、杯垫4个、奉茶盘1个、水盂1个	1. 普洱老茶、沸水； 2. 服装、铺垫和饰品； 3. 背景音乐《梅花三弄》
茶席	以素雅的桌布做铺垫		
冲泡程序	备水、备茶、备具→行礼、自报冲泡茶叶及主泡用具→入座、点火煮水→温杯洁具→赏茶、投茶→注水快速醒茶→隔水炖茶→分茶→奉茶→收具、行礼		
解说词	普洱茶老茶是可遇不可求的，得到一泡老茶，自然要花点冲泡的工夫来品饮，否则就辜负了这一份茶缘。 俗话说："水为茶之母，器为茶之父"，好茶还要寻好器。在云南建水古城考察紫陶的过程中，得知当地一位师傅借鉴知名紫陶器汽锅创制了一套紫陶茶具，取名蒸沏壶。出于好奇，我们一行专程驱车来到这位师傅的工坊——一座废弃的小学参观学习		

续表

解说词	今天我们带来了这套蒸泡壶。蒸泡壶分上、中、下三部分。下面是炉子，可使用酒精灯烧火；中间是水锅，通过水蒸气为最上面的壶加热；下面就用这套蒸泡壶泡一壶老茶尝尝。 前有"紫砂壶配阳羡茶"，今有"蒸泡壶配普洱茶"。壶身采用紫陶阴刻阳填这种独特工艺所镌刻的"云南茶语"四个字最能代表我们对这套茶具的认可

实训 3-3　课外拓展练习

1. 烤茶制作

在具备条件的前提下，尝试做一次烤茶。原料可选择晒青茶，烤茶时出现焦香味就要及时停止，防止茶叶烤糊。

	用具	其他
准备用品	烤茶罐、沏茶罐、品茗杯	优质晒青绿茶：＿＿＿＿＿＿ 矿泉水：＿＿＿＿＿＿
制作程序	备水、备茶、备具→温杯洁具→投茶→抖动烤茶罐烤至干香→放入煮茶罐→加沸水烧开→分茶饮用	
品饮感受		
总结用料和茶水比		

2. 焖茶壶使用

焖茶壶焖泡熟茶：茶具市场更新变化快，焖茶壶适宜焖泡老白茶和普洱茶熟茶。外出携带或办公室使用都很方便。

	主泡用具	辅助用具	其他
准备茶具	焖茶壶	随手泡、4 个品茗杯、茶荷、茶匙、茶巾	选用茶、沸水、背景音乐
制作程序	备水、备茶、备具→介绍冲泡用具→温杯洁具→赏茶、投茶→注水温润泡→焖泡→分茶饮用		
操作要领	1. 神态自然、动作连贯有节奏。 2. 服装整洁，女性可化淡妆，站姿、坐姿、走姿、行礼合乎礼仪要求。 3. 投茶量、注水量合乎标准。 4. 焖茶壶焖泡时间不宜过长，以 12 min 为宜		

续表

操作要求	5. 会排解紧张情绪，调整心态达到表情自然放松。 6. 冲泡程序正确无误
冲泡及品饮感受	

学习小结

本模块学习普洱茶基础知识及冲泡技能。云南普洱茶、广西六堡茶、湖南安化黑茶、湖北老青茶、四川做庄茶、陕西泾阳茯砖等均是黑茶，但云南普洱茶与其他黑茶相比较，还是存在很大的差异。以至于云南茶界有专家学者多年来呼吁将云南普洱茶从传统的黑茶分类中剥离出来，归为再加工茶。希望读者在条件允许的情况下，更多地去认知和了解省外的这些名优黑茶，去寻找差异，加深对普洱茶的认知。

文旅知识链接 3.1

普洱茶六大茶山

爱喝普洱茶的人，没有不知道六大茶山的。古六大茶山依次是易武、倚邦、攸乐（基诺）、莽枝、蛮砖和革登。现在还有新六大茶山的说法，新六大茶山指南糯、贺开、勐宋、景迈、布朗、巴达。

清乾隆进士檀萃《滇海虞衡志》记载，"普茶名重于天下，出普洱所属六茶山，一曰攸乐、二曰革登、三曰倚邦、四曰莽枝、五曰蛮砖、六曰曼撒，周八百里。"

这"周八百里"不仅是指茶山的面积，而且表明"六大茶山是连成一片的"。西面是攸乐茶山，中间是革登、莽枝、倚邦、蛮砖茶山，东面是曼撒茶山。

明隆庆四年（公元1570年），车里宣慰使刀应勐将其管辖地划为12个版纳时，"六大茶山"为一个版纳——"茶山版纳"。这是为适应茶叶，特别是贡茶的生产而设置的。

清政府指定年解贡茶，并在普洱建办贡茶厂，将六大茶山晒青毛茶运普洱加工成五斤（1斤=500克）重团茶、三斤重团茶、一斤重团茶、四两（1两=50克）重团茶、一两五钱（一钱≈3.72克）重团茶、瓶装芽茶、蕊茶、装茶膏八种（称八色贡茶）。

古六大茶山山水相连，地形、气候、植被相近。根据测试，海拔最高为2 023 m，位于易武茶区的黑水梁子，最低海拔为565 m，位于象明茶区曼配罗梭江

（人渡）水面，海拔高低差距 1 458 m，以海拔每升高 100 m 温度降低 0.5 ℃，有立体性气候特点，海拔在 800 ～ 1 800 m 内的土地有上百万亩，这些土地属赤红壤、红壤，土层深厚、肥沃，土壤 pH 值多在 4.5 ～ 6.5，理化性能十分有利于茶树生长。

　　六大茶山地处南亚热带，年平均气温为 19 ～ 20 ℃，年积温为 6 000 ～ 7 000 ℃，最热月平均气温为 23 ℃左右，最低气温为 10 ～ 13 ℃，极端最低气温为 –3 ～ 0 ℃的天数很少，一般在 7 ℃以上，有轻霜 3 ～ 5 天，或无霜，冬无严寒、夏无酷暑。植物四季常青，鲜花月月可见，一年四季不明显，月有雨季与旱季之分。年降雨量为 1 700 ～ 2 100 mm，一般年降雨量多在 1 800 mm 左右，其中 4—10 月较多，达到 1 400 ～ 1 500 mm，占全年降雨量的 80% 左右。

　　日照短、雾日长，年日照时数达 1 880 ～ 1 950 h，仲秋至来年孟春，无论高山或沟壑，常常云雾弥漫，午后方散。特别是秋冬时节站在山顶鸟瞰，一望无边的茫茫云海中露出点点山峰，壮观无比，真有一览众山小，山高人为峰的感觉，不愧是高山云雾出名茶的好地方。

文旅知识链接 3.2

茶马古道

　　茶马古道，是指唐代以来，为顺应当地人民需求，在中国西南和西北地区，以茶叶和马匹为主要交易内容，以马帮为主要运输工具的商品贸易通道，是中国西南民族经济文化交流的走廊。茶马古道是以川藏道、滇藏道与青藏道（甘青道）三条大道为主线，辅以众多的支线、附线，构成的一个庞大的交通网络。地跨陕、甘、贵、川、滇、青、藏，外延达南亚、西亚、中亚和东南亚各国。茶马古道主要干线主要分南、北两条道，即滇藏道和川藏道。茶马古道的存在推动了各民族经济文化的发展，凝聚了各民族的精神，加强了各民族之间的团结。茶马古道是推动民族和睦、维护边疆安全的团结之道。茶马古道是中国统一的历史见证，也是民族团结的象征。

　　茶马古道是世界上最高、最险峻及环境最为恶劣的古道。茶马古道纵横交错地在滇、川、藏三个地区之间。因而，古道沿线的地势差异较大，地质结构复杂，途经之地大部分都是高山峡谷和急流险滩，再加上变化多端的气候，使茶马古道形成了别具特色的地域特征。其中，高海拔是其显著特征之一，茶马古道沿线海拔多处于 2 000 ～ 5 000 m。茶马古道基本横穿了整个青藏高原，成为世界上海拔最高的道路。茶马古道的另一个显著特征是险峻，由于古道是穿梭在各山脉和跨地域的道路，致使大部分的古道都是狭窄的，一般只有两尺（1 尺 =33.33 厘米）多宽，有的甚至更窄，而且随处可见断崖绝壁，各种新式的交通工具都无法在茶马古道上施展。

2013 年 3 月 5 日，茶马古道被中华人民共和国国务院公布为第七批全国重点文物保护单位。

练习 3

单选题（每题 2 分，共 20 分）

1. 云南制作普洱茶的原料是（　　　）。

　　A. 云南大叶种茶

　　B. 云南中叶种茶

　　C. 云南小叶种茶

　　D. 云南大、中、小叶种茶均可，以大叶种茶为主

2. 高品质普洱茶的标准是（　　　）。

　　A. 选择原料好　　　　　　　　　B. 加工工艺好

　　C. 储存条件好　　　　　　　　　D. 以上条件都必须具备

3. 用于加工制作普洱茶的原料必须是（　　）绿茶。

　　A. 炒青　　　　　B. 烘青　　　　　C. 晒青　　　　　D. 蒸青

4. 特级晒青绿茶的叶底（　　　）。

　　A. 柔嫩显芽　　　　B. 肥壮　　　　C. 粗老　　　　D. 纤细

5. 特级普洱茶熟茶（散茶）的汤色（　　　）。

　　A. 红浓明亮　　　　　　　　　　B. 红艳明亮

　　C. 深红明亮　　　　　　　　　　D. 褐红尚浓

6. 冲泡普洱茶的投茶量按泡茶器容量大小可选择（　　　）g。

　　A. 5～10　　　　B. 5～20　　　　C. 6～10　　　　D. 6～20

7. 适宜冲泡细嫩普洱茶的水温是（　　　）℃左右。

　　A. 60　　　　　B. 80　　　　　C. 90　　　　　D. 100

8. 按照普洱茶鲜叶采摘标准，一级鲜叶中一芽二叶占比是（　　）以上。

　　A. 30%　　　　　　　　　　　　B. 50%

　　C. 60%　　　　　　　　　　　　D. 70%

9. 不符合普洱茶熟茶香气品质的一项是（　　　）。

　　A. 陈香浓郁　　　　　　　　　　B. 花香四溢

　　C. 陈香纯正　　　　　　　　　　D. 陈香平和

10. 关于符合普洱茶熟茶品质汤色说法，下列正确的是（　　　）。

　　A. 黄绿明亮　　　　　　　　　　B. 黑黝明亮

　　C. 褐红浅淡　　　　　　　　　　D. 褐红尚浓

1. 普洱茶熟茶和红茶有什么不同？

普洱茶熟茶和红茶是两类茶。普洱茶熟茶是以晒青绿茶为原料，经渥堆发酵等工艺制成的茶；红茶是采用萎凋、揉捻、发酵工艺制成的茶类。

从生产工艺看，虽然两类茶都有发酵，但是方式和内容不同。普洱茶熟茶发酵是采用湿热条件，使茶叶中的微生物发生转化形成普洱茶独特的品质特征；红茶发酵是促成茶叶的多酚氧化酶转化。

从茶叶品质特征来看，好的普洱茶熟茶色泽红褐显润，有陈香，滋味醇厚回甘，汤色红浓明亮；好的滇红茶色泽褐红，金毫显露，有浓郁的花果香，汤色红艳明亮，滋味鲜爽。

2. 只有价格高的普洱茶才是好普洱茶吗？

评价一个茶好不好需要专业人员严格按照茶叶审评的五项因子即外形、汤色、香气、滋味和叶底逐项审评，并非按照市场价格的高低来认定。这是两个不同的评价体系。

市场上的商品会因为稀缺性和独特性产生溢价现象，市场价格远远高于实际价值。由此分析，并非价格高的茶才好。

好的普洱茶需要具备好的原料、好的工艺和好的仓储三个条件。只要具备了这三个条件，市场上大量质量合格、价格适中的普洱茶也是好茶；反之，市场价格低得离谱，严重背离正常价格的普洱茶肯定不是好茶。

所以答案是不一定。

3. 如何选购普洱茶？

对于刚开始接触普洱茶的读者而言，选购普洱茶要注意以下几个方面：

（1）通过正规渠道学习掌握普洱茶常识，能分清楚生茶、熟茶，合格产品和劣质产品。

（2）少听忽悠，屏蔽商家过度宣传，防止出现非理性消费，购买一些自己不需要的或价格严重背离价值的茶叶。

（3）通过自身的视觉、嗅觉和味觉认真体验茶叶的色、香、味，购买适合自己饮用的茶。有资深茶人说，宁可相信自己的嘴巴，不要相信自己的耳朵。

（4）不要贪图便宜，盲目相信商家的虚假宣传。茶山卖几千、上万一斤的茶，非法电商却声称9.9元包邮，这样的茶你敢喝吗？

【练习3】答案：1. D　2. D　3. C　4. A　5. B　6. C　7. B　8. D　9. B　10. D

模块 4

乌龙茶基础知识及冲泡技能

乌龙茶是中国的特有茶类，主产区是中国福建、广东和台湾，武夷岩茶、安溪铁观音、凤凰单枞、冻顶乌龙、东方美人等茶品声名显赫。冲泡乌龙茶的用具和程式与其他茶类的冲泡都有所不同，被誉为"工夫茶"。潮汕地区的工夫茶艺因历史悠久，被称为"工夫茶活化石"。

云南本土生产的乌龙茶为引种台湾或闽粤茶区的乌龙茶品种。云南腾冲高黎贡山栽种的极边乌龙即引进台湾软枝乌龙茶品种。云南的普洱、大理和临沧茶区也引种梅占、黄棪等乌龙茶品种。

课程导入

叶小嘉第一次喝安溪铁观音，看到比泡其他茶多得多的茶具在茶艺师手中轮番登场，感觉就像在看一出戏，待各种铺垫完成后，茶叶才登场亮相。好不容易泡好的茶汤，还要按顺序闻香、观色、小口啜饮，就是这样的茶香和滋味令人久久不能忘却。叶小嘉由此对泡茶的器具和工夫茶艺产生了兴趣，至今还收藏了几只专门泡乌龙茶使用的紫砂壶和闻香杯。那么问题来了：

1. 乌龙茶的香气是怎么形成的？
2. 怎样才能泡出乌龙茶的茶香？

学习目标

➤ 知识目标

1. 了解乌龙茶的产地、分类及品质特征。
2. 掌握乌龙茶代表茶及品质特点。
3. 掌握乌龙茶的用具使用及冲泡知识。

➤ 能力目标

1. 能通过制茶工艺和茶叶内质来区分茶叶类别，培养根据茶叶审评要素判断茶叶品质的能力。

2. 能掌握乌龙茶壶泡法和双杯泡法的冲泡程序，能冲泡出兼具汤色、香气和滋味特点的乌龙茶。

➤ 素质目标

通过自己冲泡和品饮乌龙茶的体验，感受冲泡程序的严谨要求与茶汤色香味的对应关系，培养勤于动手实践、善于思考探究的素质。

4.1 乌龙茶基础知识

4.1.1 乌龙茶的分类及品质特征

乌龙茶是指以茶树鲜叶为原料，经萎凋、做青、炒青、揉捻、干燥等加工程序制作出来的茶叶。其品质特征是茶香浓郁、滋味醇厚。

根据产地的不同和加工的差异性，将乌龙茶大致分为闽北乌龙茶、闽南乌龙茶、广东乌龙茶和台湾乌龙茶四类。其品质特征也存在一定的差异化。乌龙茶的分类及品质特征如图4-1所示。

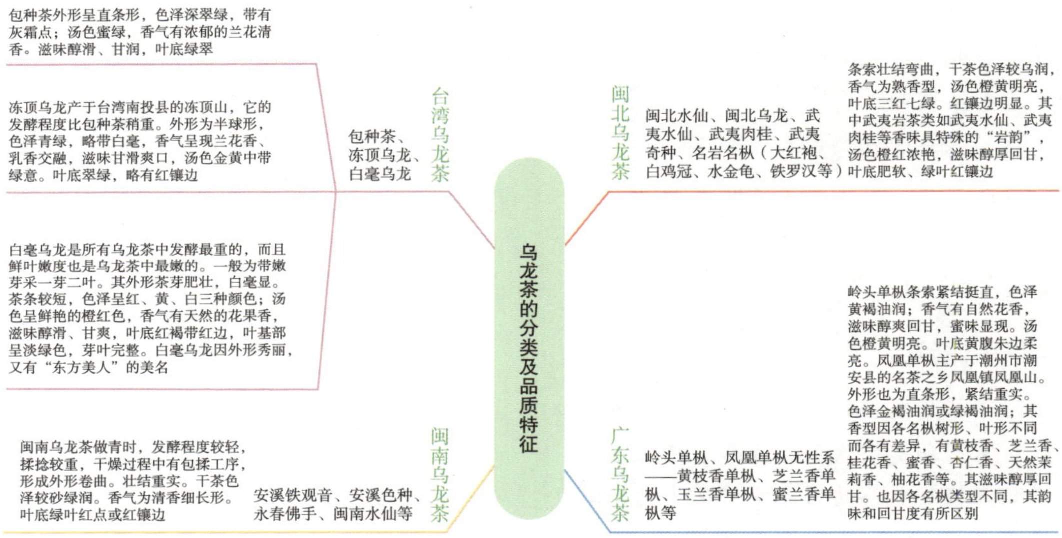

图4-1 乌龙茶的分类及品质特征

乌龙茶外形特征如图4-2所示。

（a）　　　　　　　（b）　　　　　　　（c）　　　　　　　（d）

图4-2 乌龙茶外形特征

（a）大红袍；（b）白鸡冠；（c）水金龟；（d）铁罗汉

图 4-2　乌龙茶外形特征（续）

（e）安溪铁观音；（f）永春佛手；（g）漳平水仙；（h）岭头单枞；（i）芝兰香单枞；
（j）玉兰香单枞；（k）蜜兰香单枞；（l）冻顶乌龙；（m）包种茶；（n）白毫乌龙

4.1.2　冲泡乌龙茶的茶具

传统工夫茶茶具称为"茶室四宝"，缺一不可，即玉书煨、潮汕炉、孟臣罐、若琛瓯。

除"茶室四宝"必备茶具外，乌龙茶的其他冲泡程式还用到其他茶具，如图 4-3 所示。

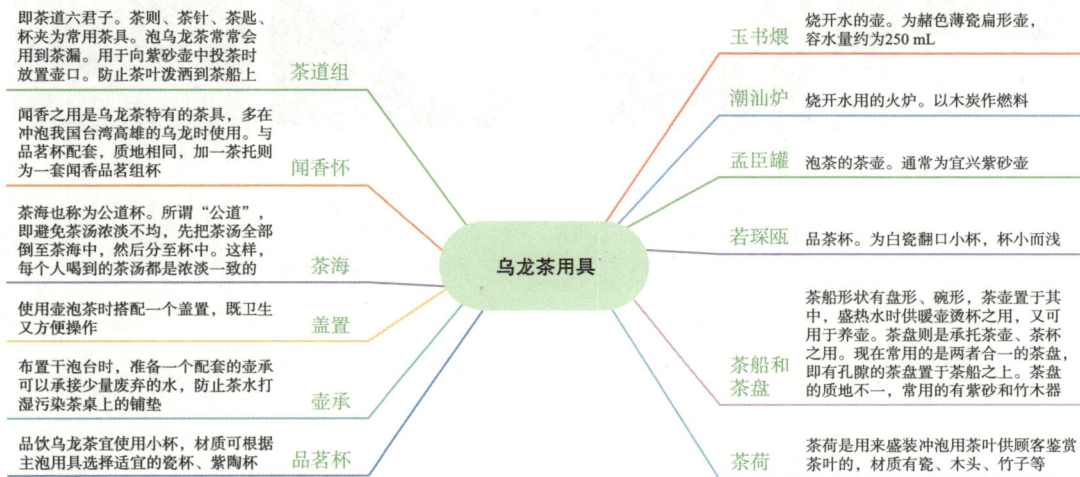

即茶道六君子。茶则、茶针、茶匙、杯夹为常用茶具。泡乌龙茶常常会用到茶漏。用于向紫砂壶中投茶时放置壶口，防止茶叶泼洒到茶船上 —— **茶道组**

闻香之用是乌龙茶特有的茶具，多在冲泡我国台湾高雄的乌龙时使用。与品茗杯配套，质地相同，加一茶托则为一套闻香品茗组杯 —— **闻香杯**

茶海也称为公道杯。所谓"公道"，即避免茶汤浓淡不均，先把茶汤全部倒至茶海中，然后分至杯中。这样，每个人喝到的茶汤都是浓淡一致的 —— **茶海**

使用壶泡茶泡时搭配一个盖置，既卫生又方便操作 —— **盖置**

布置干泡台时，准备一个配套的壶承可以承接少量废弃的水，防止茶水打湿污染茶桌上的铺垫 —— **壶承**

品饮乌龙茶宜使用小杯，材质可根据主泡用具选择适宜的瓷杯、紫陶杯 —— **品茗杯**

乌龙茶用具

玉书煨　烧开水的壶。为赭色薄瓷扁形壶，容水量约为250 mL

潮汕炉　烧开水用的火炉。以木炭作燃料

孟臣罐　泡茶的茶壶。通常为宜兴紫砂壶

若琛瓯　品茶杯。为白瓷翻口小杯，杯小而浅

茶船和茶盘　茶船形状有盘形、碗形，茶壶置于其中，盛热水时供暖壶烫杯之用，又可用于养壶。茶盘则是承托茶壶、茶杯之用。现在常用的是两者合一的茶盘，即有孔隙的茶盘置于茶船之上。茶盘的质地不一，常用的有紫砂和竹木器

茶荷　茶荷是用来盛装冲泡用茶叶供顾客鉴赏茶叶的，材质有瓷、木头、竹子等

图 4-3　乌龙茶用具

乌龙茶冲泡用具外形如图 4-4 所示。

（a）　　　　　　　　（b）　　　　　　　　（c）

（d）　　　　　　　　（e）　　　　　　　　（f）

（g）　　　　　　　　（h）　　　　　　　　（i）

（j）　　　　　　　　（k）　　　　　　　　（l）　　　　　　　　（m）

图 4-4　乌龙茶冲泡用具外形

（a）潮汕炉、玉书煨；（b）孟臣罐；（c）若琛瓯；（d）茶船；（e）茶盘；（f）茶荷；（g）茶道组；
（h）闻香怀；（i）品茗杯；（j）茶海；（k）壶承；（l）盖置；（m）茶针

4.2　实　训

乌龙茶冲泡的投茶量、水温、冲泡时间与次数及选具见表 4-1。

表 4-1　乌龙茶冲泡要求

投茶量	水温	冲泡时间与次数	选具
茶水比例为 1：20 1. 颗粒形乌龙，也称作球形和半球形乌龙。以铁观音为例，其投茶量为冲泡容器的 40%～60%。 2. 细长条索形乌龙，代表茶是广东乌龙中的凤凰单枞和凤凰水仙。广东乌龙条索细长而直，茶与茶之间的空隙较大，故投茶量应占到冲泡容器的 80%。 3. 粗壮条索形乌龙，代表茶为闽北乌龙中的武夷岩茶。它介于前两者之间，条索较广东乌龙要短一些，故投茶量一般为茶具的 60%～80%	沸水	冲泡时间：传统工艺的铁观音及冻顶乌龙的首泡时间都可在 1 min 左右，若是发酵较轻的颗粒形乌龙茶，首泡时间就要大大缩短，大概 20 s 就可以了。 冲泡次数：一般可冲泡 7 次左右	1. 以潮汕茶为代表的乌龙茶冲泡常用茶具——"茶室四宝"，即玉书煨、潮汕炉、孟臣罐、若琛瓯。 2. 台式泡法：紫砂壶、公道杯、品茗杯、闻香杯。 3. 盖碗泡法：盖碗、品茗杯

乌龙茶的投茶量相对绿茶、红茶要大得多，按茶水比标准就是 1：20，即 1 g 茶叶配 20 mL 水。如果使用 200 mL 容水量的紫砂壶，投茶量就是 8～10 g。

冲泡乌龙茶的水要求是 95 ℃以上的沸水。只有高温沸水才能冲泡出乌龙茶的茶香。云南的一些高海拔地区由于大气压影响导致烧水时沸点降低，会影响乌龙茶的香气和滋味。如果不注意这一因素，会错误地判断为是茶叶品质的问题或泡茶用水的问题。这是在高海拔地区冲泡乌龙茶应该注意的。

再者是正式冲泡乌龙茶前的浸润泡。乌龙茶条索紧结，尤其像铁观音一类的乌龙茶，外形紧结似团，冲泡时，需要先冲沸水让茶叶吸收热气和水分进行短暂浸润泡，以便于冲泡出茶叶的香气和滋味。

总之，泡好一杯乌龙茶，不可能一蹴而就。它不仅需要熟记操作的程序，更需要反复练习，从生疏到熟练，不断积累经验，总结得失才能有所收获。

实训 4-1　乌龙茶冲泡基础

1. 壶泡法工夫茶茶艺

	主泡用具	辅助用具	其他
准备茶具	一把紫砂壶	随手泡 1 把、茶荷 1 个、茶道组、茶巾 1 块、茶船 1 个、品茗杯 4 个	武夷岩茶、沸水、背景音乐
冲泡程序	备水、备茶、备具→行礼、自报冲泡茶叶及主泡用具→入座、温杯洁具→赏茶、投茶→浸润泡→冲泡→斟茶→奉茶→收具、行礼		

续表

操作要领	1. 神态自然、动作连贯有节奏。 2. 服装整洁，女性可化淡妆，站姿、坐姿、走姿、行礼合乎礼仪要求。 3. 投茶量、注水量合乎标准
操作要求	1. 会排解紧张情绪，调整心态达到表情自然放松。 2. 冲泡程序正确无误。 3. 选配与品茗杯容量相应的紫砂壶，斟茶时避免茶汤外溢或过少。 4. 会调节茶汤浓度
小组评价	完成时间在小组属于： 完成度在小组属于：
个人小结	难易度： 如果难度大，问题在：

2. 双杯泡法工夫茶茶艺

	主泡用具	辅助用具	其他
准备茶具	一把紫砂壶	随手泡 1 把、茶荷 1 个、茶道组、茶巾 1 块、茶船 1 个、品茗杯 4 个、闻香杯 4 个、对杯垫 4 个、茶海 1 只	安溪铁观音、沸水、背景音乐
冲泡程序	备水、备茶、备具→行礼、自报冲泡茶叶及主泡用具→入座、温杯洁具→赏茶、投茶→浸润泡→冲泡→斟茶→奉茶→收具、行礼		
操作要领	1. 神态自然、动作连贯有节奏。 2. 服装整洁，女性可化淡妆，站姿、坐姿、走姿、行礼合乎礼仪要求。 3. 投茶量、注水量合乎标准		
操作要求	1. 会排解紧张情绪，调整心态达到表情自然放松。 2. 冲泡程序正确无误。 3. 选配与品茗杯容量相应的紫砂壶，斟茶时避免茶汤外溢或过少。 4. 会调节茶汤浓度		
小组评价	完成时间在小组属于： 完成度在小组属于：		

个人小结	难易度： 如果难度大，问题在：

实训 4-2　乌龙茶茶艺展示

高山乌龙香，"极边"促发展

【设计理念】在云南众多的旅游资源中，高黎贡山国家级自然保护区以生物的多样性，被学术界誉为"世界物种基因库"，为世界生物圈保护区。1986 年，经国务院批准成为国家级自然保护区。

拥有优质的自然资源并不等于可以等、可以要、可以坐享其成。腾冲极边茶业股份有限公司根据自身条件积极寻求发展之路，引进台湾高山乌龙茶品种，寻求用一片树叶带动村子、带动农民增收的致富路，为带领农民脱贫致富奔小康作出了极大的贡献。

准备茶具	主泡用具	辅助用具	其他
	紫砂壶	随手泡 1 把、茶荷 1 个、茶匙 1 个、茶巾 1 块、杯垫 4 个、奉茶盘 1 个、建水紫陶 1 个、品茗杯 4 个、水盂 1 个	极边乌龙茶、沸水、背景音乐《步步高》
茶席	背景选择《千里江山图》，体现高黎贡山江山锦绣的特点		
冲泡程序	备水、备茶、备具→行礼、自报冲泡茶叶及主泡用具→入座、温杯洁具→赏茶、投茶→注水→奉茶→收具、行礼		
解说词	高黎贡山国家级自然保护区以生物的多样性，被学术界誉为"世界物种基因库"，为世界生物圈保护区。1986 年，经国务院批准成为国家级自然保护区。 云南茶产业传统生产的是绿茶，极边人敢于打破传统，大胆引进台湾乌龙品种，让引进茶种在腾冲的土地上蓬勃生长，成为茶叶市场上一个响亮的品牌。 2005 年，云南腾冲极边茶业股份有限公司租赁了 300 余亩抛荒的土地，开始创建种植示范基地，同时租赁荒地 20 余亩，启动了加工厂的投资建设。经过多年努力，公司采用 100% 的订单模式，发展生产基地 3.1 万亩。签订种植收购合同 4 860 份，订单涉明光、马站、五合三个乡镇，15 个行政村，2.4 万余人，成为全球青心乌龙种植面积最大的企业。 据不完全统计，公司自成立以来，上缴税收 3 200 多万元，支付茶农鲜叶款 1.4 亿元，支付农民工工资 5 600 多万元，每年吸收周边剩余劳动力，季节性临时工 1 000 余人。通过高山乌龙茶产业的发展，带动农民增收致富，带领农民脱贫致富奔小康作出了极大的努力。 一片茶叶，不仅可以给爱茶人带来愉悦，还可以帮助茶农脱贫致富奔小康，这是党的富民政策在云南贫困山区得以践行的典型案例		

实训 4-3　课后拓展练习

1. 盖碗泡法

乌龙茶传统泡法使用的是紫砂壶，那么使用盖碗行不行？答案是肯定的。在日常生活中，人们往往使用瓷质盖碗来冲泡乌龙茶，既避免了一把紫砂壶泡多种茶串味的担忧，又便捷实用。

	用具	其他
准备用品	1. 陶瓷盖碗 1 套； 2. 品茗杯 6 个	优质乌龙茶：_____、 矿泉水：_____
冲泡程序	备水、备茶、备具→温杯洁具→投茶→浸润泡→冲泡→斟茶、品饮	
品饮感受		
个人小结		

2. 乌龙茶调饮制作

调饮茶是近年流行的茶饮，基本原理是在茶汤中加入各种果汁果品，增加饮品的丰富性。建议选取安溪铁观音茶为主料，选择与铁观音茶口味相匹配的果汁果品或果肉，制作一款接纳度较高的调饮茶并给饮品取一个个性化的名字。

	用具	其他
准备用品	1. 盖碗； 2. 玻璃杯（建议使用高脚杯）	安溪铁观音、矿泉水、冰块；水果、果汁或果肉
制作程序	备水、备茶、备具→温杯洁具→投茶→取茶汤（沸水冲泡降温或冰块冷萃）→放入水果、果汁或果肉→饮用	
品饮感受		
总结用料和配比		
取名		

学习小结

本模块学习的是乌龙茶基础知识及冲泡技能。与绿茶、红茶相比较，大家对乌龙茶接触较少，需要强化乌龙茶相关知识记忆和冲泡流程、冲泡技能的练习来提高冲泡水平。

文旅知识链接 4.1

高黎贡山国家级自然保护区

高黎贡山国家级自然保护区地处云南省西北部的保山市和泸水县境内，怒江的西岸，位于北纬 24°56′～28°23′，东经 98°08′～98°53′。总面积达 405 549 hm²，是云南省面积最大的自然保护区，是国家级森林和野生动物类型自然保护区，以保护生物、气候、垂直带谱自然景观、多种植被类型和多种珍稀濒危保护动植物种类为目的。主要保护对象为中山湿性常绿阔叶林、高山温性、寒温性针叶林为主的森林垂直自然景观；生物多样性完整的森林生态系统；珍稀动植物和特有物种。

高黎贡山国家级自然保护区以其生物的多样性，被学术界誉为"世界物种基因库"。1986年，经国务院批准成为国家级自然保护区。

保护区已知有种子植物210科、1 086属、4 303种，其中434个为高黎贡山特有种。国家一级保护植物有喜马拉雅红豆杉、云南红豆杉、长蕊木兰、光叶珙桐4种；国家二级保护植物有秃杉、桫椤、董棕、贡山三尖杉、油麦吊云杉、十齿花、水青树、贡山厚朴、红花木莲等20种；省级保护植物30种。

已知有脊椎动物36目、106科、582种。其中，兽类9目、29科、81属、116种；鸟类18目、52科、4亚科、343种；两栖类2目、2亚目、7科、28种及亚种；爬行类2目、3亚目、9科、48种及亚种；鱼类5目、9科、28属、47种及亚种。国家一级保护动物有戴帽叶猴、白眉长臂猿、熊猴、羚牛、豹、白尾稍虹雉等20种；国家二级保护动物有小熊猫、穿山甲、鬣羚、黑颈鸬鹚、高山兀鹫、血雉、灰鹤、红瘰疣螈等47种；省级保护动物5种。

文旅知识链接 4.2

滇缅公路

滇缅公路起于昆明止于缅甸腊戍，全长为1 146.1 km，云南段全长为959.4 km，其中昆明至下关段已于1935年修通土路；缅甸段186.7 km。经与缅英当局商定：中国在原来已筑成的昆明至下关公路的基础上，负责修筑下关到畹町中国境内的路段，全长547.8 km；缅方负责修筑腊戍至畹町的缅境段，以一年为限。

1937年11月2日，国民政府正式下令龙云，由行政院拨款200万元，要他负责限期一年修通滇缅公路，打通国际交通线。事关国防军事及抗战前途，云南省政府不敢怠慢，采取"非常时期"动员办法，通令该路沿线各县和设治局（边疆少数民族地区相当县一级的政权机构），限12月征调滇西各县农民义务修路，务必于一年内完成。1937年12月，滇缅公路工程正式开工。陆军独立工兵团一部及拥有当时最高级筑路工程技术水准和施工技术力量的交通部直属施工队伍，被紧急抽调前来云南，负责咽喉部位及重要路桥的关键工程。

1938年8月底，经过九个月的艰苦奋斗，滇缅公路终于提前竣工通车。整个工程共完成土方1 100多万立方米，石方110万立方米，大、中、小桥梁243座，涵洞 1 789 个和部分路面工程。1938 年 10 月，交通部在昆明市南屏街设立滇缅公路运输管理局，谭伯英任局长。1939 年 2 月至 5 月，云南全省公路总局将滇缅公路全长 959.4 km 移交给该局作为国道管理。

🔗 **文旅知识链接 4.3**

滇西抗战简介

1942 年春，日军进犯缅甸。中国政府为保滇缅公路的畅通，派遣十万远征军，急驰援缅，重创日军。4 月，战局逆转，中国远征军一部西撤印度，一部辗转回国。日军进犯西南国门。5 月初，相继攻占畹町、芒市、龙陵、腾冲，狂炸保山。我国怒江以西国土相继沦陷。

1942 年 6 月 3 日，敌军又集结惠通桥西岸兵力千余人，企图进犯保山，已有 300 余人抢渡至怒江东岸，中国军队迅速堵击，将渡江之敌全部消灭，使西岸之敌，不再东渡。此后敌军又多次渡江进犯，均被我军奋勇击退。云南形势才稍为安定。

1943 年 3 月，中国驻印军六万将士，一面筑路，一面进攻缅北之敌，最终大获全胜。

1943 年 10 月下旬，为重新控制并利用滇缅公路这条战争生命线，中国驻印远征军 6 个师和英、印军联合发起了对缅北日军的反攻，初获战果。

1944 年 4 月 17 日，得到了充实和加强的中国远征军作出了渡江反攻计划，卫立煌将军遂率长官司令部进驻保山马王屯，调集并指挥第十一及第十二两个集团军 16 个师共 16 万人，分左右两翼向盘踞了腾龙一线达两年之久的顽敌发起致命一击。

1944 年 5 月 11 日起，霍揆彰将军率右翼第二十集团军强渡怒江、仰攻高黎贡山，继而又经四十多个昼夜血战，终于在 1944 年 9 月 14 日光复边城腾冲。是役，历大小数百战，全歼据守腾境各地日军 6 000 多人。

1944 年 5 月 22 日起，宋希濂将军率左翼第十一集团军铁流西进发起了以战况惨烈而震惊全世界的松山战役。

1944 年夏季，我滇西远征军为配合策应驻印军缅北的攻势，经我军 40 余日的苦战，至 9 月 14 日将顽寇 2 000 余人全部歼灭，收复腾冲。

1944 年 6 月 1 日，反攻滇西之十一集团军渡过怒江，向龙陵推进。于 6 月 10 日先后攻克腊勐、镇安及龙陵县城。嗣后敌由腾冲、芒市集结残余兵力，进行反扑，而松山为敌据守尚未攻下，后路截断，补给不继。6 月中旬，左翼各军放弃龙陵县城，与敌鏖战于松山、象达、平夏等地区。

1944 年 9 月 7 日，攻克松山主峰，创造了中国抗战史上聚歼守敌 3 000 余人而无一人漏网的辉煌战例。接着，该部又沿滇缅路攻击前进，扩大战果；11 月 3 日收复龙陵，继而攻克芒市、遮放、畹町，并抽调腾冲收复后一部军力加入龙陵作战，12 月 1 日攻克遮放。

1945 年 1 月 20 日攻克畹町，1945 年 1 月 27 日中国远征军与驻印军攻缅北的部队在畹町附近的芒友会师。至此，滇西沦陷区域全部收复，滇缅、中印公路胜利打通。历时 8 个多月的滇西反攻之役以全胜告捷，总计歼敌 2.1 万余人，并收复滇西全部失地。

滇西抗战是全国抗战的组成部分，其悲壮惨烈可通过参观坐落腾冲的国殇墓园窥见一二。

练习 4

单选题（每题 2 分，共 10 分）

1. 与其他茶类的加工工艺不同，乌龙茶制作的关键工艺是（   ）。

    A. 杀青 　　　　　　　　　　　　B. 萎凋

    C. 做青 　　　　　　　　　　　　D. 干燥

2. 冲泡乌龙茶的投茶量按茶水比是（   ）。

    A. 1 ∶ 10 　　　　B. 1 ∶ 20 　　　　C. 1 ∶ 50 　　　　D. 1 ∶ 80

3. 武夷岩茶是闽北乌龙茶的代表茶，香味具特殊的（   ），汤色橙红浓艳，滋味醇厚回甘，叶底肥软、绿叶红镶边。

    A. 观音韵 　　　　　　　　　　　B. 岩韵

    C. 兰花香 　　　　　　　　　　　D. 玉兰香

4. 有黄枝香、芝兰香、桂花香、蜜香、杏仁香、天然茉莉香、柚花香等名品的茶是产自潮安区凤凰山的（   ）。

    A. 凤凰茶 　　　　B. 武夷岩茶 　　　　C. 安溪茶 　　　　D. 凤凰单枞

5. 台湾出产的包种茶、金萱乌龙和东方美人是发酵度（   ）的三个茶。

    A. 由低到高 　　　　B. 由高到低 　　　　C. 都低 　　　　D. 都高

叶小嘉的答案

1. 乌龙茶的香气是怎么形成的？

乌龙茶属高香型茶，其香气的形成不外乎以下两个因素。

（1）茶树品种，乌龙茶原料为中叶种，诸如水仙、毛蟹、奇兰、佛手、铁观音、金萱都是优良品种。

（2）独特的加工工艺。乌龙茶加工的关键工序是做青，做青的实质就是轻度萎凋和轻度发酵的复杂生化过程。做青可以发展香气，使茶青从水青味转变为清花香，形成兰花香。

2. 怎样才能泡出乌龙茶的茶香?

乌龙茶茶艺被称为工夫茶茶艺并非徒有其名，想泡出一杯色香味俱佳的茶汤需要从选具、水温、投茶量、浸泡时间等方面入手。

首先说选具，冲泡乌龙茶首选主泡用具是紫砂壶。壶的容量不宜太大，壶型以口小腹大孕育茶香的为佳。

冲泡乌龙茶的水温要高，高温冲泡可激发出茶中的芳香物质。如果水温低，茶香就激发不出来。

冲泡乌龙茶的茶水比是 1∶20，投茶量比冲泡绿茶、红茶大。投茶量不够，茶香就浅淡。

冲泡乌龙茶要先润茶，尤其像铁观音一类条索紧结卷曲的茶叶，直接冲泡茶叶不易散开，色香味都出不来。先润茶再冲泡才能得到色香味俱佳的茶汤。

【练习 4】答案：1. C　2. B　3. B　4. D　5. A

模块 5

白茶基础知识及冲泡技能

关于白茶制法最早的文字记载是明代田艺衡所著《煮泉小品》中的"茶以火作者为次，生晒者为上，亦近自然……生晒茶沦于瓯中，则旗枪舒畅，青翠鲜明，尤为可爱"。其中，"生晒者为上，亦近自然"就是白茶的加工方法。明代闻龙《茶笺》中进一步阐述："田子执以生晒不炒不揉者为佳，亦未之试耳"。这种"不炒不揉的制茶方法"正是当今白茶制法的特点。

20 世纪初，白茶开始向全国范围内推广。白茶的品种也有了新的发展，如白毫银针、白牡丹等。此时，白茶的产地也逐渐扩大，如福建、浙江、江西等地区都有了白茶的产区。白茶的生产工艺也有了新的改进，使白茶的产量和品质都有了明显提高。

云南从 21 世纪初开始生产白茶，最早的白茶品种是月光白，此后有了云白毫、云寿、古树白茶等品种。

课程导入

冬、春季天气干燥，叶小嘉经常性出现咳嗽、咽喉发炎病症，长时间吃药又影响肠胃功能，苦不堪言。有朋友告诉她，你试试喝点白茶，病症就可能改善。朋友说了尧时太母娘娘用白茶治麻疹的传说，卓剑舟在《太姥山全志》中记载："绿雪芽，金呼为白毫……性寒凉，功同犀角，为麻疹圣药，运售外国，佳与金埒。"一番引经据典的解说，让叶小嘉也不得不专门跑了一趟市场买白茶。

白茶消炎究竟有没有道理？请你查找相关资料并回答下列问题：

1. 咽喉发炎喝白茶有用吗？
2. 茶有哪些药效功能？

学习目标

➤ **知识目标**

1. 掌握白茶的加工工艺及品质特征。
2. 熟悉白茶代表茶及品质特征。
3. 掌握白茶冲泡的相关知识。

➤ **能力目标**

1. 能掌握盖碗和紫砂壶的使用方法。
2. 能正确识别白茶等级并选择正确的适泡器具。
3. 能掌握白茶冲泡的步骤，能熟练地冲泡一杯具有白茶色香味特点的白茶。

➤ **素质目标**

通过白茶冲泡的选茶、择器、水温掌控、浸泡时间等要素分析体验事物表象和内在的差异性，学会辩证地看待事物，避免学习和思维的简单化。

5.1　白茶基础知识

5.1.1　白茶的分类及品质特征

白茶是指以茶树鲜叶为原料，经萎凋、干燥加工程序制作出来的茶叶。其品质特征是茶芽完整、形态自然、白毫显露、香气清鲜、滋味甘醇、持久耐泡。

白茶根据制作工艺、原料和品质等因素，可分为白毫银针、白牡丹、贡眉和寿眉，如图 5-1 所示。

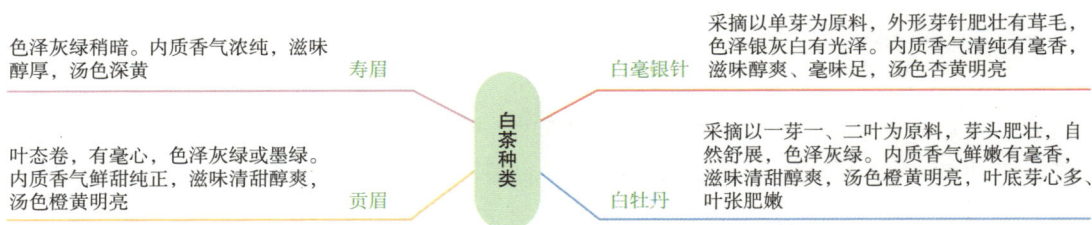

色泽灰绿稍暗。内质香气浓纯，滋味醇厚，汤色深黄　**寿眉**

叶态卷，有毫心，色泽灰绿或墨绿。内质香气鲜甜纯正，滋味清甜醇爽，汤色橙黄明亮　**贡眉**

白茶种类

白毫银针　采摘以单芽为原料，外形芽针肥壮有茸毛，色泽银灰白有光泽。内质香气清纯有毫香，滋味醇爽、毫味足，汤色杏黄明亮

白牡丹　采摘以一芽一、二叶为原料，芽头肥壮，自然舒展，色泽灰绿。内质香气鲜嫩有毫香，滋味清甜醇爽，汤色橙黄明亮，叶底芽心多、叶张肥嫩

图 5-1　白茶种类

白茶外形特征如图 5-2 所示。

图 5-2　白茶外形特征
（a）白毫银针；（b）白牡丹；（c）贡眉；（d）寿眉

5.1.2　云南白茶的品质特征

与福建相比，云南天气不同，茶种不同，即便制茶工艺相同，口感的差别也很大。云南的气候整体上空气干燥而稀薄，日温差较大，临沧勐库大叶种具有芽头肥壮，满批白毫，持嫩度高的优点。泡出的汤色黄绿透亮，甜度特别明显，耐泡度极高。正是有了这种具有典型区域特色的茶树品种，云南白茶形成了区别于其他地区的独特茶叶品质特征。

云南白茶外形特征如图 5-3 所示。

图 5-3　云南白茶外形特征

（a）云白毫；（b）月光白；（c）云寿

5.1.3　云白毫、月光白、云寿不同等级白茶的视觉识别方法

通过视觉正确识别云白毫、月光白、云寿不同等级的白茶，能区分云南白茶和福建白茶是课程学习、茶艺师工作岗位技能、茶艺师技能考试和茶艺师技能竞赛的要求，干茶识别的方法是看外形和闻气味，如图 5-4 和图 5-5 所示。

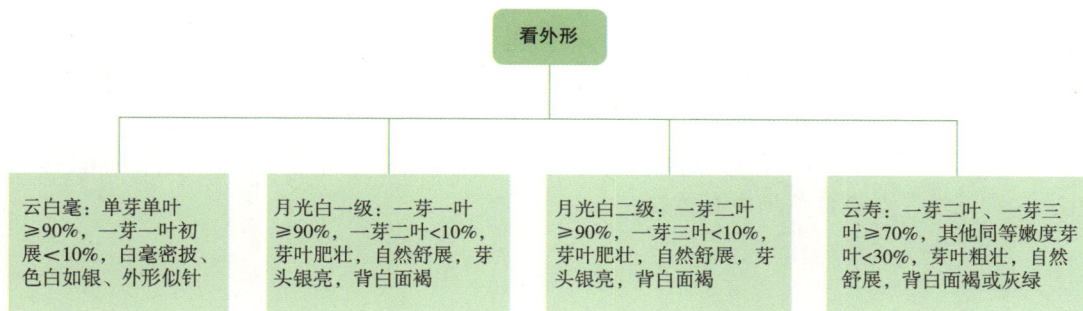

```
                          看外形
    ┌───────────┬───────────┬───────────┐
```

| 云白毫：单芽单叶≥90%，一芽一叶初展<10%，白毫密披、色白如银、外形似针 | 月光白一级：一芽一叶≥90%，一芽二叶<10%，芽叶肥壮，自然舒展，芽头银亮，背白面褐 | 月光白二级：一芽二叶≥90%，一芽三叶<10%，芽叶肥壮，自然舒展，芽头银亮，背白面褐 | 云寿：一芽二叶、一芽三叶≥70%，其他同等嫩度芽叶<30%，芽叶粗壮，自然舒展，背白面褐或灰绿 |

图 5-4　白茶识别方法——看外形

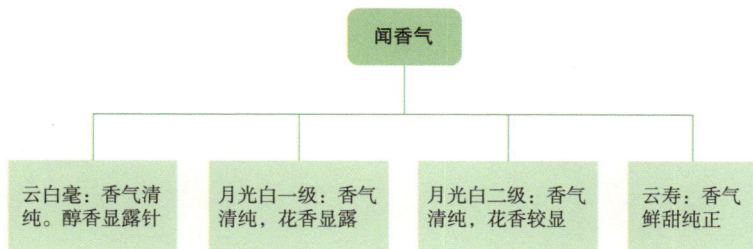

```
                          闻香气
    ┌───────────┬───────────┬───────────┐
```

| 云白毫：香气清纯。醇香显露针 | 月光白一级：香气清纯，花香显露 | 月光白二级：香气清纯，花香较显 | 云寿：香气鲜甜纯正 |

图 5-5　白茶识别方法——闻香气

5.1.4　云南白茶和福建白茶对比

云南白茶和福建白茶从产地、原料、工艺、主要品质方面的对比如图 5-6 所示。

产地：福鼎、政和、建阳

原料：群体种、水仙茶树、大白茶

工艺：采摘—萎凋—烘焙—毛茶—
挑拣—复培—成品，干燥以烘干为主

主要品质：毫香、甜香、滋味清爽

代表茶：白毫银针、白牡丹、
贡眉、寿眉

云南白茶和福建白茶对比

产炮：临沧、普洱、西双版纳

原料：勐库大叶种、景谷大白、勐海大
叶种等

工艺：采摘—萎凋—干燥—成品。干燥
以晒干、阴干为主

主要品质：毫香、花香、滋味厚重、耐
泡度高

代表茶：白龙须、月光白、景谷白茶等

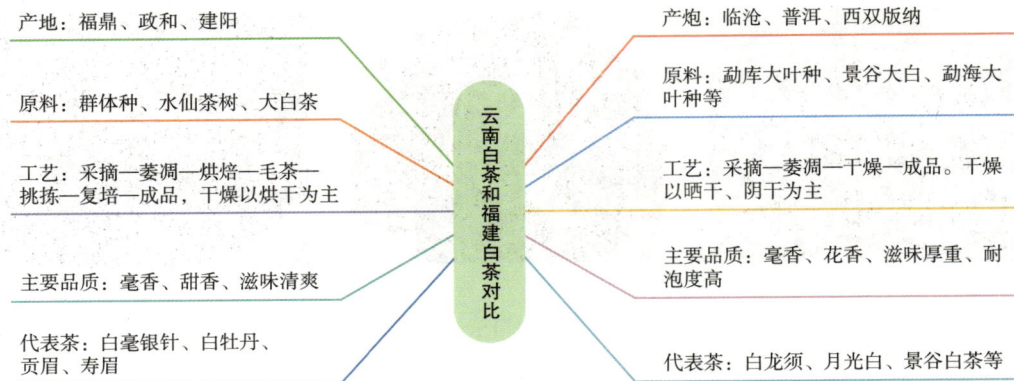

图 5-6　云南白茶和福建白茶对比

5.1.5　茶具的选用

　　泡白茶的茶具首选盖碗。瓷质盖碗质地细腻、光洁，冲泡时能充分表现茶汤之美。盖碗又称为"三才杯"：盖为天，托为地，碗为人，预示着"天盖之、地载之、人育之"，天地人和谐统一的道理。

　　白毫银针可选择用玻璃杯，玻璃材料硬度、密度均高，具有很好的透光性。玻璃杯使用方便，易求易得，便于在冲泡时观赏杯中茶叶及茶汤的变化。

　　白茶也可以选择用紫砂壶进行冲泡，紫砂壶茶具具有一定的透气性、吸味性和保温性，这"三性"对滋育茶汤大有益处。

5.2　实　训

实训 5-1　茶具基本练习

1. 盖碗注水实操练习

准备用具：150 mL 盖碗一套、一把随手泡（自来水练习）。

实操项目	定点高冲	定点旋冲	Z 字形覆盖式
操作要领	1. 提壶注水； 2. 提升注水高度； 3. 保持高位注水不变，水线不断	1. 提壶注水； 2. 提升注水高度； 3. 水呈涡流旋转	1. 提壶注水； 2. 围着茶的表面走 Z 字形注水
操作要求	1. 动作连贯，水流不断； 2. 水线细而不断； 3. 收水后杯中水为七分满； 4. 水不溅出盖碗外	1. 动作连贯，水流不断； 2. 收水后杯中水为七分满； 3. 水不溅出盖碗外	1. 动作连贯，水流不断； 2. 控制好水线急缓； 3. 收水后杯中水为七分满； 4. 水不溅出盖碗外
练习时间及完成度			
个人小结	难易度： 如果难度大，问题在：	难易度： 如果难度大，问题在：	难易度： 如果难度大，问题在：
小组评价	完成时间在小组属于： 完成度在小组属于：	完成时间在小组属于： 完成度在小组属于：	完成时间在小组属于： 完成度在小组属于：
教师评价			

2. 紫砂壶执壶方法练习

准备用具：一只紫砂壶、一把随手泡（自来水练习）。

实操项目	单手执壶一	单手执壶二	双手执壶
操作要求	右手食指勾住壶把，拇指从壶把上方按住，中指抵住壶把下方	右手中指和拇指捏住壶把，食指伸直抵住盖钮	右手食指和拇指捏住壶把，左手中指轻轻抵住盖钮
操作要领	1. 动作连贯，水流不断； 2. 使用腕力； 3. 不要架臂泡茶	1. 动作连贯，水流不断； 2. 使用腕力； 3. 不要架臂泡茶	1. 动作连贯，水流不断； 2. 使用腕力； 3. 不要架臂泡茶

续表

练习时间及完成度			
个人小结	难易度： 如果难度大，问题在：	难易度： 如果难度大，问题在：	难易度： 如果难度大，问题在：
小组评价	完成时间在小组属于： 完成度在小组属于：	完成时间在小组属于： 完成度在小组属于：	完成时间在小组属于： 完成度在小组属于：
教师评价			

实训 5-2　冲泡白茶基础练习

水为茶之母，器为茶之父，水和器的选择对于白茶是很重要的。白茶标准的投茶量与绿茶一样，按照 1 : 50 的茶水比例进行冲泡。

冲泡白茶，要注意水温，可以根据茶叶的老嫩、散紧程度来选择冲泡温度。例如，白毫银针由全芽制成，持嫩度高，冲泡水温不能太高，85 ～ 90 ℃水温最为适宜。白牡丹一芽二叶抱心，既有嫩芽的鲜爽，又有成熟叶的香熟，冲泡水温 90 ～ 95 ℃最为合适。寿眉采用成熟度更高的鲜叶，原料相对粗老，冲泡水温以 95 ～ 100 ℃最佳。

白茶因不炒不揉的加工工艺，内含物浸出速度慢，第一泡出汤速度可以适当慢一些，粗老的茶叶需要先用开水浸润茶叶再冲泡。

云南白茶散茶，一般叶形较大，用紫砂壶冲泡时，在器形的选择上，建议选择壶口宽敞、壶身较大的紫砂壶，有利于白茶在壶中伸展，能让茶与水充分融合，有利于获得满意的茶汤。另外，紫砂壶也是冲泡老白茶较为理想的器皿，通过淋壶等手法，使整个冲泡过程得到很好的保温，可以让老白茶滋味析出更加均匀。

在茶水比、水温、浸泡时间的冲泡三要素上，要根据具体的品饮人数、茶品的老嫩紧结情况、茶汤浓淡偏好等具体情况，看人泡茶、看茶泡茶。

1. 盖碗冲泡白茶

	主泡用具	辅助用具	其他
准备茶具	盖碗	随手泡 1 把、公道杯 1 个、4 个品茗杯、茶荷 1 个、茶匙 1 个、茶巾 1 块、杯垫 6 个、奉茶盘 1 个、水盂 1 个	月光白、沸水、背景音乐
冲泡程序	备水、备茶、备具→行礼、自报冲泡茶叶及主泡用具→入座、温杯洁具→赏茶、投茶→注水温润泡→奉茶→收具、行礼		

续表

操作要领	1. 神态自然、动作连贯有节奏。 2. 服装整洁，女性可化淡妆，站姿、坐姿、走姿、行礼合乎礼仪要求。 3. 投茶量、注水量合乎标准
操作要求	1. 会排解紧张情绪，调整心态达到表情自然放松。 2. 冲泡程序正确无误
小组评价	完成度在小组属于：
个人小结	对冲泡程序的掌握情况为： 对投茶量的掌握情况为： 对冲水环节的掌握情况为： 整体表现为： 还需要提高：
教师评价	

2. 紫砂壶冲泡白茶

	主泡用具	辅助用具	其他
准备茶具	紫砂壶	随手泡 1 把、公道杯 1 个、4 个品茗杯、茶荷 1 个、茶匙 1 个、茶巾 1 块、杯垫 6 个、奉茶盘 1 个、水盂 1 个	云寿、沸水、背景音乐
冲泡程序	备水、备茶、备具→行礼、自报冲泡茶叶及主泡用具→入座、温杯洁具→赏茶、投茶→注水温润泡→奉茶→收具、行礼		
操作要领	1. 神态自然、动作连贯有节奏。 2. 服装整洁，女性可化淡妆，站姿、坐姿、走姿、行礼合乎礼仪要求。 3. 投茶量、注水量合乎标准		
操作要求	1. 会排解紧张情绪，调整心态达到表情自然放松。 2. 冲泡程序正确无误		
小组评价	完成度在小组属于：		
个人小结	对冲泡程序的掌握情况为： 对投茶量的掌握情况为： 对冲水环节的掌握情况为： 整体表现为： 还需要提高：		
教师评价			

🍵 实训 5-3　白茶茶艺展示

茶香千年

【设计理念】地球广懋森林里的茶树，被大自然选中，栉风沐雨，在云蒸霞蔚中披上薄纱，吮日月精华，吸大地给养，铸干雕枝，练就古树参天，枝繁叶茂。景迈山是云南省重要的产茶地之一，景迈山古茶林以种植技术独特、森林景观显著、民族文化丰富、人地关系和谐而被评为世界文化遗产项目。一缕来自中国西南边陲的悠悠茶香，穿越千年的历史，飘向世界舞台。

	主泡用具	辅助用具	其他
准备茶具	柴烧壶	随手泡1把、茶荷1个、茶匙1个、茶巾1块、杯垫6个、奉茶盘1个、水盂1个	1. 古树白茶、沸水； 2. 服装、铺垫和饰品可选择； 3. 背景音乐《出水莲》
茶席	茶席以整块绿布为底，象征着景迈山千年古茶林，清新怡人，充满生机		
冲泡程序	备水、备茶、备具→行礼、自报冲泡茶叶及主泡用具→入座、温杯洁具→赏茶、投茶→注水→奉茶→收具、行礼		
解说词	地处中国西南的云南，不仅是中国茶叶主产区，更是世界茶树核心原生地、基因库。2023年9月，普洱景迈山古茶林文化景观成为全球首个茶主题世界文化遗产。千百年前，人与茶的邂逅就在这里发生。 　　公元10世纪以来，布朗族先民发现和认识了野生茶树，利用森林生态系统，与傣族等世居民族一起，探索出林下茶种植技术。历经千年的保护与发展，这里形成林茶共生、人地和谐的独特文化景观。人与自然的和谐、传统与现代的和谐、不同村寨不同民族的和谐…… 　　古人创造的"茶"字，象征着"人在草木间"，景迈山很好地呈现了这种人与森林的生态。景迈山上世居着布朗族、傣族、佤族、哈尼族、汉族等民族。千百年来，各民族共同守护这片静谧、祥和、神圣的古茶林。在这里，人们尊重森林、尊重草木、尊重昆虫、尊重茶林里的一切。景迈山有保存完好的原始森林、古村寨和古茶林。在每片茶林的外围，人们保留原始森林作为分隔防护林，防止病虫害传到另一片茶林，也防止风力等对茶林的伤害。 　　白茶不炒不揉的加工工艺，每道工序都是自然贴合的，美于纯粹、美于自然。花香清润，充满山野气韵，与自然融合，顺应自然的律动。通过一杯热茶、一缕茶香，仿佛置身森林，感受人与自然的和谐相处。 　　中华民族向来尊重自然、热爱自然，绵延5 000多年的中华文明孕育着丰富的生态文化。"人在草木间"，汉字"茶"传神地阐明了祖先对人与茶、人与自然关系的理解。景迈山上沁人心脾的茶香，诉说着中华儿女对自然的尊重与热爱，也印证了中华民族对人与自然和谐共生的不懈追求		

🍵 实训 5-4　课外拓展练习

1. 白茶冷水泡法

冷泡茶是属于夏天的仪式感，白茶用来冷泡的方式能激发出白茶不同层次的滋味感。可选择云白毫、月光白等品质优良的白茶，尝试使用常温矿泉水沏泡放置1 h就可以饮用，也可以尝试放冰箱冷藏室冷藏3～4 h取出饮用。

准备用品	用具	其他
	1. 带盖玻璃壶； 2. 玻璃杯	优质白茶：_____、 矿泉水：_____
制作程序	备水、备茶、备具→温杯洁具→投茶→注入矿泉水→常温1 h后或放入冰箱冷藏室3～4 h→取出饮用	
品饮感受		
总结用料和配比		

2. 煮饮

　　白茶除泡着喝外，能不能煮着喝呢，建议选择陈年的白茶，尤其是老寿眉，随着时间的沉淀，煮着喝别有一番风味。

准备用品	用具	其他
	1. 陶壶； 2. 品茗杯； 3. 电陶炉	1. 寿眉； 2. 矿泉水
制作程序	备水、备茶、备具→注水→投茶→煮茶→分茶饮用	
品饮感受		
冲泡及品饮感受		

3. 焖泡

　　保温壶焖泡：与盖碗紫砂壶冲泡白茶不同，户外多采用保温壶焖泡更为方便。

准备茶具	主泡用具	辅助用具	其他
	焖茶壶壶	随手泡、茶巾	选用茶、沸水、背景音乐
制作程序	备水、备茶、备具→介绍冲泡茶叶及主泡用具→温杯洁具→赏茶、投茶→注水温润泡→焖泡→取用		
操作要领	1. 神态自然、动作连贯有节奏。 2. 服装整洁，女性可化淡妆，站姿、坐姿、走姿、行礼合乎礼仪要求。 3. 投茶量、注水量合乎标准。 4. 焖泡时间不宜过长，以 12 h 为宜		
操作要求	1. 会排解紧张情绪，调整心态达到表情自然放松。 2. 冲泡程序正确无误		
冲泡及品饮 感受			

学习小结

　　本模块学习白茶基础知识及冲泡技能，课程涉及的多是云南本地的白茶，比较福鼎一带的名优白茶，如白牡丹、白毫银针等，还是存在一定的差距。云南白茶作为后起之秀，在茶树品种、品饮价值、消费者认可度等方面也有其优势，产业规模进一步扩大，未来可期。

文旅知识链接

景迈山古茶林文化景观

　　"普洱景迈山古茶林文化景观"位于云南省普洱市澜沧拉祜族自治县。整个地形西北高、东南低，最高海拔为 1 662 m，最低海拔为 1 100 m，属亚热带山地季风气候，干湿季节分明，年平均气温为 18 ℃，年降雨量为 1 800 mm，古茶园土壤属于赤红壤，古茶园内的植物群落属于亚热带季风常绿阔叶植物，其中思茅木姜子和红椿为国家二级保护的珍稀树种。动物有哺乳类、鸟类、两栖类和爬行类等。古茶园的茶树在天然林下种植，是最为古老的种植方式。历经千年的保护与发展，形成这一林茶共生、人地和谐的独特文化景观。

　　古茶园的茶叶很早就用马帮驮到普洱进行交易，作为普洱茶原料之一，自元代起销往缅甸、泰国等东南亚国家。据有关专家调查，景迈、芒景古茶园的茶树，大部分树冠挺拔、枝叶茂密，许多古茶树上寄生着具有神奇药用价值的"螃蟹脚"，是世界罕见的大面积栽培古茶林。曾经到古茶园考察的专家学者称这片古茶是珍贵的"茶文化历史博物馆"。

据考证，这里种茶有近 2 000 年的历史。整个古茶园占地面积为 2.8 万亩，实有茶树采摘面积为 1.2 万亩。芒景、景迈古茶山是人与自然融合的最佳典范，也是普洱茶的原生地。2012 年以来，景迈山被列入中国世界文化遗产预备名单，并先后获评全国重点文物保护单位、全球重要农业文化遗产、中国传统村落、国家森林公园、国家 4A 级旅游景区等。2023 年 9 月 17 日，在沙特阿拉伯利雅得举行的联合国教科文组织第 45 届世界遗产大会上，"普洱景迈山古茶林文化景观"成功列入《世界遗产名录》，成为中国第 57 项世界遗产。至此，全球首个茶主题世界文化遗产花落中国。

多年来，景迈山古茶林得到有效保护。据了解，为实现景迈山古茶林文化景观保护和可持续发展，普洱市颁布了《普洱市景迈山古茶林文化景观保护条例》等 3 部专项法律、7 部规章制度，完成对现行 177 项相关法律法规的收集整理工作，编制景迈山村庄规划，为景观范围内 15 个自然村落的保护与利用提供依据。

此外，还将 364 栋传统民居挂牌保护为全国重点文物，并对其中的 293 栋进行修缮和维护；将 306 栋传统民居挂牌保护为县级文物，并对其中的 64 栋进行修缮和维护。另外，还将 61 个传统村落格局要素按照未定级文物点进行了保护。同时，编制实施《景迈山建设活动导则》，对景观范围内村民和村集体的日常建设活动进行管理，保证了建设活动规范有序。

练习 5

单选题（每题 2 分，共 30 分）

1. 按照发酵程度的不同，白茶属于（　　）茶。
   A. 不发酵　　　　　　B. 全发酵　　　　　　C. 后发酵　　　　　　D. 微发酵

2. 白茶的初加工是指（　　）。
   A. 鲜叶、萎凋、干燥　　　　　　　　B. 鲜叶、揉捻、干燥
   C. 鲜叶、揉捻、发酵　　　　　　　　D. 萎凋、摇青、杀青

3. 不炒不揉是（　　）的代表工艺。
   A. 红茶　　　　　　　B. 绿茶　　　　　　　C. 黑茶　　　　　　　D. 白茶

4. 云南白茶可分为（　　）几个等级。
   A. 白毫银针、月光白、白牡丹　　　　B. 云白毫、月光白、贡眉
   C. 云白毫、月光白、云寿　　　　　　D. 白毫银针、白牡丹、贡眉

5. 下列（　　）不是白茶。

    A. 白牡丹　　　　　　　　　　　　B. 安吉白茶

    C. 贡眉　　　　　　　　　　　　　　D. 白龙须

6. 外形具有芽叶肥壮、自然舒展特点的是（　　）。

    A. 龙井茶　　　　　　　　　　　　B. 都匀毛尖

    C. 月光白　　　　　　　　　　　　D. 白毫银针

7. "香气清纯，花香显露，滋味醇厚"是（　　）的品质特点。

    A. 安溪铁观音　　　　　　　　　　B. 云南普洱茶

    C. 云南白茶　　　　　　　　　　　D. 祁门红茶

8. 清饮法即茶叶在冲泡过程中，其茶汤中（　　）调料。

    A. 添加　　　　　　B. 不加　　　　　　C. 加少许　　　　　　D. 加大量

9. 审评茶叶应包括（　　）。

    A. 香气与内质　　　　　　　　　　B. 外形与香气

    C. 色泽与内质　　　　　　　　　　D. 外形与内质

10. 城市茶艺馆泡茶用水可选择（　　）。

    A. 地表水　　　　　　B. 江水　　　　　　C. 纯净水　　　　　　D. 湖水

11. 在冲泡茶的基本程序中，（　　）的主要目的是提高茶具的温度。

    A. 将水烧沸　　　　　　　　　　　B. 煮水

    C. 用随手泡　　　　　　　　　　　D. 温壶（杯）

12. 在冲泡茶的基本程序中，"煮水的环节"讲究根据（　　），所需水温不同。

    A. 茶具质地不同　　　　　　　　　B. 茶叶外形不同

    C. 茶叶品种不同　　　　　　　　　D. 水质不同

13. 在茶艺演示冲泡茶叶过程中的基本程序是备器、煮水、备茶、温壶（杯）、置茶、
（　　）、奉茶、收具。

    A. 高冲水　　　　　　B. 分茶　　　　　　C. 冲泡　　　　　　D. 淋壶

14. 为了将茶叶冲泡好，在选择茶具时主要的参考因素是看场合、看人数、（　　）。

    A. 看茶叶的品种　　　　　　　　　B. 看茶叶

    C. 看茶叶的外形　　　　　　　　　D. 看喝茶人的喜好

15. （　　）是大众首选的自来水软化的方法。

    A. 静置煮沸　　　　　　B. 澄清过滤　　　　　　C. 电解法　　　　　　D. 渗透法

叶小嘉的答案

1. 咽喉发炎喝白茶有用吗？

民间把白茶视为治疗发热、咽炎等症状的验方并认为越老的白茶效果越好，所以有
"一年茶，三年药，七年宝"一说。

客观来讲，陈年白茶在清热润肺、解毒消肿方面有辅助治疗作用。此外，白茶还具有促进血糖平衡、明目、保肝护肝等功效。

慢性咽炎的种类很多，从治疗的角度而言，喝茶没有太多的治疗作用，可能具有缓解咽干症状的作用。

所以，答案就是有病还得看医生。

2. 茶有哪些药效功能？

关于茶叶的功效前人总结了二十四功效，诸如解毒、益思、提神、明目、固齿、去口臭、延年益寿……当代对茶叶保健功能及药效的研究涉及范围更加深入和全面。主要有以下几个方面。

（1）茶叶具有预防高血压、高血糖、高血脂的功效。

（2）茶叶具有抗氧化、抗突变、抗癌的功效。

（3）茶叶具有抗菌、抗炎症的功效。

（4）茶叶具有抑制脂肪吸收、预防肥胖的功效。

总之，喝茶有益于身心健康。

【练习5】答案：1. D　2. A　3. D　4. C　5. B　6. C　7. C　8. B　9. D　10. C　11. D　12. C　13. C　14. B　15. A

附 录

部分茶艺大赛
获奖作品

云南省首届大学生茶艺技能大赛（2015 年）二等奖

《怒江之春》

参赛选手：蔡睿　　　　　指导教师：陈海燕　韩昕葵

茶席主题：怒江之春

主题阐述：六年前，在怒江州的导游大赛上老师与老姆登村民郁伍林结识，后来几位指导教师曾多次到怒江教学。在怒江的日子，老师暗暗许下诺言，在以后的日子里，尽自己所能帮助老姆登的村民。在六年里，老师基本每年都要背着沉重的教学设备，跋山涉水到怒江义务支教。六年过去了，老姆登村发生了变化，变的是物质生活改善了，不变的是人与人之间真挚的感情和对自己生活土地的热爱与保护。春天的怒江，老师又一次来到老姆登村，郁伍林打起了自家的漆油茶，欢迎老师的到来。这一方茶席记载着师生之间浓浓的情谊。就像怒江的春天生气勃勃，江水湛蓝，桃花盛开，一切是那么美好！

茶席设计：春天的怒江大峡谷铺满鲜花，如菜花、桃花、梨花、油桐花、杜鹃花，漫山遍野。沿着怒江溯流而上，两岸草木葱茏、油菜花金黄、桃花粉嫩、江水碧绿，好似翡翠在高山峡谷间蜿蜒，在雪山的映衬下闪烁着光芒。此景犹如世外桃源，充满勃勃生机。山高谷深，雪峰绵延，江河咆哮，气势磅礴，无限风光在险峰，这是最初对怒江的印象，但不知怒江的静是碧绿深潭，霞光掩映，村落俨然，鸡犬相闻，恍如人间仙境……来怒江大峡谷，你得学会在车上看风景，因为一路上都是风景，老虎跳、洛本卓集市、利沙底群石景观、江心松……在这里，车不仅是代步工具，还是一种载体，让你了解怒江、亲近怒江。

受到藏文化的影响，云南怒江地区的人自古就有喝酥油茶的风俗习惯，可是酥油茶传到怒江，当地人只不过采用当地特产的漆油代替了酥油，从而创造了漆油茶。与西藏地区不同，怒江地处亚热带，不产牦牛和酥油，而产丰富的漆树资源。用漆油代替酥油制成的茶，漆油是用漆树果实榨出来的油脂，呈蜡黄色或灰褐色。每到收获漆树果的季节，全家人都会聚集在一起，有人上山采摘果实，有人下河欢笑清洗，有人上灶将漆果蒸煮到恰当的时间，再盛装于草藤编织的袋子里，然后以最快的速度放置在榨油的石具上。这时的一家人不分男女老少，全部把身体依序重重地压在一根长长的粗木杆上，在家长号令长空的叫声中齐声用力下压，藤袋里的漆油汩汩流出，油黄晶亮像泉水一般在阳光下灼亮人们的眼睛。

制作漆油茶，先把土罐放在火塘上烧茶，然后把熟茶放入特制茶桶里，再放入漆油、核桃、芝麻、盐和茶水混合为一体，用棍棒上下来回地搅动，直至漆油与茶水交融在一体，搅得越均匀味道越好，水油融合的口感香美、滋润。

在怒江地区，漆油茶如同生存所需的食盐与粮食，每天饮漆油茶成为人们生活里不可或缺的常态习惯。香浓解渴，营养丰富，它是高原人家千年不变的生活情趣与地域风情，又是极具民族特色的舌尖文化与生存享受。每天饭后喝一杯漆油茶，消解吃下的浓汤油脂，通畅沉郁的胃肠气血，让味蕾弥香流韵，让身心轻松舒畅，它是我们盛情待客的特产饮料，也是名扬四方的美味佳肴，也只有漆油茶才能表达对老师的情谊！

表演用具：

主要茶器：烤茶罐、铜壶、漆油茶桶、永胜窑杯。

铺垫：竹席。

装饰物：怒江中的漂流枯木（两块）、弩、漆油茶桶、火盆、竹笋一个（花器）、采茶斗笠一个、怒江石数十枚、怒族土布一条、老玉米、竹篱笆。

服装：怒江传统服饰。

表演用茶及其他食材：老姆登绿茶、漆油、核桃粉、芝麻粉、盐。

茶点：用绿茶粉和普洱茶粉制作的蘑菇形状的中式点心。

背景音乐：选用《中华五十六朵花·怒族》《怒族民乐》《拉姆登》《哦得得》怒族民歌等音乐素材，通过重新剪辑、配音的方式完成。

2018 年云南省茶艺大赛二等奖

《落日的叹息》——与茶有关的旅行记忆

参赛选手：七里拉姆　　　　　指导教师：陈海燕

茶席主题：落日的叹息——与茶有关的旅行记忆

主题阐述：故乡茶带到旅途，在孤单寂寞的路上，有了家熟悉的味道；异乡的茶，又让我们在温暖舒适的家中，感受到属于来自远方的土壤、气候条件、植被和人的温度与温暖，不同的发酵方式，产生的某种茶独一无二的风味让人着迷，如同旅行，永远充满了未知。旅途中曼妙的风景，不尽相同，也永远没有终点。饮茶也是如此。

蒲甘是一个散落在辽阔荒野上的小乘佛教艺术展览馆，无数美丽的雕塑、壁画暗藏在黑暗的塔中。在午日的晕眩之中，只听到昆虫翅膀发出的"嗡嗡"声。丛林、沙漠、古塔，枕在千年古砖的小憩，是一份宁静和悠闲。黄昏，塔顶突然有些喧闹，每个人都期待登上某个高塔眺望蒲甘落日壮丽而悲凉的一幕。这时太阳敛起刺目的光芒，成为一个温暖的红球，天空、大地、远山、眼前的平原、树冠如波浪涌向远方，最夺目的是树冠之上千千万万奇迹般的塔和我们一起沐浴在夕阳下，万事万物被浸泡在橙红明艳透亮的光波里。在夕阳中于佛塔上，沏上一壶香茗，看红尘万丈，不亦快哉！托物言志，落日的叹息——对蒲甘旅行的记忆，希望将这份美好的回忆定格成为永恒！

茶品：产自缅甸的炒青，外形粗壮紧结，乌润有光，茶味厚重，回甘生津明显。

茶器：

主泡器：霁红盖碗及茶杯。

道具：怀旧实木箱子、东南亚风格的白色铺垫、蒲甘绿色土釉花器、蒲甘漆器杯托、茶托、蒲甘沙画、缅甸红木茶叶罐、不同颜色的大小石头、砂砾、枯木、净色坐垫、藤包、绿色丝巾、蒲甘当地老铜制牛铃铛。

茶席设计：茶席整体色调以红色等暖色调为基础色调，霁虹釉茶具是点睛之笔，其色泽深沉稳定，是一种极为名贵的颜色釉，是一种夺目而不落艳丽的颜色釉，是一种象征深沉华贵的釉色。其间点缀蒲甘特有的黄绿，是大胆的撞色，过渡为乳白色。怀旧的木箱，意为旅行，乳白色棉质纯手工铺垫，为衬托绿色花瓶和红色茶具。砂砾与枯木象征蒲甘炎热而干燥的气候，也是对曾经繁荣的释怀。藤包上的丝巾让方正的茶席中增加柔和的元素，使整体更有层次感。后景的缅甸当地特色绘画与整体色彩相互呼应。

背景音乐：*In the high valleys*，德国音乐家 Stephan Micus 的作品，Stephan Micus 使用世界各地千差万别的民族乐器勾勒出了以上一幕幕素淡的音乐美景。在吸纳了无数异地传统音乐精髓后，他创造出一种无法被指认为任何民族、任何国家的音乐——一种"世界的音乐"。在乐曲中看见高山谷、荒原、残阳，这种声音填充着整个天地，空寂、落寞，很好地诠释了茶与旅行带给人们联通的情感体验。

2019 年云南省茶艺大赛一等奖

《龟兹来唐》

参赛选手：李莉莉　　　　　指导教师：杨云哲

茶席主题：龟兹来唐

背景阐述：站在世纪的长河上，你看那牧童的手指，始终不渝地遥指着一个永恒的盛世——大唐盛世。大唐盛世是中华民族悠久历史中最为辉煌的篇章，大唐政治开明，思想解放，人才济济，疆域辽阔，国防巩固，民族和睦，声誉远播，在当时世界上是最繁荣昌盛的国家之一。大唐与亚欧国家均有往来，积极接纳各国交流学习，形成多元的文化。唐朝以后海外华人多自称为唐人。公元 626 年，唐太宗李世民继位，改元贞观，对内以文治天下，国泰民安，开创了历史上著名的贞观之治；对外开疆扩土，征服西域高昌、龟兹、吐谷浑各国，设安西四镇，各民族间融洽相处，大唐皇帝被各族人民尊称为"天可汗"，西域各国派出使节团觐见唐太宗，呈现了四方宾服、万邦来贺的盛景。

茶席设计：古朴典雅的茶席，简约的布置，让人褪去一身疲惫，让人静下心来去思考，不羡慕其他人，做好自己，足以。

表演用具：风炉、琉璃盏、莲花茶点碟、分茶勺、金水壶。

表演用茶：蒸青绿茶。

背景音乐：龟兹古乐、邵乐。

2020 年云南省茶艺大赛二等奖

《上元》

参赛选手：彭莉　　　　　　指导教师：杨云哲

茶席主题：上元

创意思路：盛唐时期的中国，国富民强，通过由国都长安直抵地中海沿岸的陆上丝绸之路，将辉煌灿烂的中华文明传播四海，成就了中国古代文化的鼎盛时期。但是当时的唐朝实施宵禁，如果半夜出门夜游，很快就会被巡逻的武侯带回去问话，但是在上元节三天，却取消宵禁的限制，以方便人们赏灯，称为"放夜"。所以，在这难得的三夜内，上至王公贵族，下至贩夫走卒，无不出外赏灯。以至于长安城里车马塞路，人潮汹涌，热闹非凡。

"每至万国来朝，留至十五日，于端门外，建国门内，绵亘八里……从昏达旦，以纵观之。"燃灯白千炬，三日三夜不绝，不仅有巧夺天工、精美绝伦的灯轮、灯树、灯楼、花灯，灯下的歌舞百戏也是令人目不暇接。每逢上元佳节，民间的才艺者遍登花车斗彩，今年的灯魁许和子，头戴花冠，身穿霞帔，坐于花车之上，正向兴庆宫缓缓驶来。

茶席设计：精美绝伦的花灯背景，简单大方的案几配上精致的琉璃盏，营造出一幅既热闹非凡又庄重典雅的上元节灯会场景。

冲泡用具：仿唐茶釜、琉璃盏。

冲泡用茶：蒸青绿茶。

背景音乐：清平乐。

2021 年云南省茶艺大赛二等奖

《岁月静好》

参赛选手：陈思宇　　　　指导教师：张伟强

荣获 2021 年云南省职业院校技能大赛高职组中华茶艺赛项二等奖

茶席主题：岁月静好

主题阐述：我曾经是一名边防战士，守卫在祖国的南疆。对祖国和人民，我有一名战士的忠诚与付出。当我跨入高职院校的大门潜心学习，更体会到美好生活的来之不易。

"哪有什么岁月静好，不过是别人在替我们负重前行"。熟普红浓明亮的茶汤能给人温暖，更能表达感恩之情，珍惜之意。感恩给我们创造幸福生活的所有人，珍惜我们所拥有的一切美好。

茶席设计：茶席以深绿色桌布作铺垫，辅以米色桌旗。寓意人民军队用鲜血和生命捍卫着祖国的安宁。主泡用具选用云南建水紫陶壶，配保温性好的铸铁壶，品茗杯选用留香极佳的传统釉水杯，意在为品饮者提供一杯色香味俱佳的普洱茶汤。

背景音乐：《且听风吟》。

2021 年云南省茶艺大赛二等奖

《一滴水　一个生态文明》

参赛选手：顾惠淋　　　　　指导教师：杨云哲

茶席主题：一滴水　一个生态文明

主题阐述："一草一木皆生命，一举一动见文明"。全球物种灭绝速度不断加快、生物多样性丧失和生态系统退化对人类生存与发展构成重大风险。新冠疫情告诉我们，人与自然是命运共同体。倡导推进全球生态文明建设，强调人与自然是生命共同体，强调尊重自然、顺应自然和保护自然，努力实现"人与自然和谐共生"的美好愿景。

"山积而高，泽积而长。"加强生物多样性保护、推进全球环境治理需要各方持续坚韧努力，聚首美丽的春城昆明，共商全球生物多样性保护大计。一杯好茶迎接八方来客，让我们从这次峰会携手出发，同心协力，共建万物和谐的美丽世界！

茶席设计：融入这次《生物多样性公约大会》Logo 的设计元素。深蓝色桌布、草绿色桌旗，代表了海洋和陆地，搭配绘有蝴蝶、梅花等元素的茶具，反映了生物多样性和文化多样性。

表演用具：白瓷绘有蝴蝶、梅花等元素的盖碗，配有同样彩绘的品茗杯，一个树桩造型并有小动物的盖置为这茶席增添一抹灵动，也体现出了生物的多样性。

表演用茶：普洱生茶。

背景音乐：《美丽的大自然》。

2022 年云南省茶艺大赛二等奖

《无用之用》

参赛选手：郑庆艳　　　　　　指导教师：陈海燕

茶席主题：无用之用

主题阐述：山木，自寇也；膏火，自煎也。桂可食，故伐之；漆可用，故割之。人皆知有用之用，而莫知无用之用也——《庄子·人间世》。

旧物使用，不是复刻历史，是将旧物用于当下，在物质过度充裕的今天，爱物惜物。环保融入自身理念，那些被时光遗留的物品，融入茶席中的一杯一盏、一壶一碗，设计将美、文化、成本、功能与动线，都能很好地兼顾并平衡的茶空间。在努力证明绿色思维与极致体验之间并不冲突，可持续性和现代生活方式可以通过有意识的设计与努力共存，它的存在不只是为了环境，更是茶人对可持续发展的态度。

越来越多消费者的生态环保意识被唤醒，消费者的绿色需求也不断增长。可持续发展是一个行业持续发展的不竭动力，如何在提供茶相关产品的同时更好地节约资源，是实现茶行业可持续发展的基础。

表演用具：

主泡器：20 世纪 70 年代磁州窑钵、自制分汤勺、云南永胜酒杯。

辅助器物：20 世纪六七十年代木箱、民国食盒盖子（托盘）、民国华宁陶盆（水盂）、清末木制茶叶罐、自制杯托、旧衣（茶巾）。

装饰物：清末磁州窑酒罐、枯枝、纱巾、屏风。

表演用茶：龙陵县磨锅茶。

9 月采摘，历经种植、制作，使用咖啡磨豆机研磨为粗颗粒，碗泡，点缀时令桂花。

此茶生长在海拔 2 000 m 左右，山上群峰重叠，峰头直插云霄，经常细雨蒙蒙，云雾缭绕；土呈沙质黄壤，结构疏松，通气透水，富含有效磷酸，特别有利于茶树的生长。因为日照充足，在三四月或九月采摘茶质较好。采摘一芽一二叶的鲜叶，当天采摘当天即加工，加工工艺分作拣叶、揉捻、分筛、初磨、摊凉、复磨、去末分级。叶形紧结、光彩绿润、冲泡后香气浓烈、味道醇厚，汤色黄绿亮堂，自具样式。此茶目前售价较低，希望能通过茶艺所蕴含的技术与艺术，提升该茶叶的劳动附加值，能让家乡的茶叶重新焕发生机，亲人的辛勤劳作能有所回报。

茶点：茶点可分为上、下两层，第一层主要原料是米饭和牛奶；第二层主要原料是银耳、百合和冬瓜，用了冰糖调味，整体用寒天粉凝固造型。白色食物入肺，祛除秋燥，冰糖清甜不腻。

背景音乐：巴赫《G 弦上的咏叹调》（马友友演奏）。

参 考 文 献

［1］陈宗懋 . 中国茶经［M］. 上海：上海文化出版社，1992.

［2］吴觉农 . 茶经述评［M］. 北京：中国农业出版社，2005.

［3］丁以寿 . 中国茶文化概论［M］. 北京：科学出版社，2020.

［4］丁以寿 . 茶艺与茶道［M］. 北京：中国轻工业出版社，2022.

［5］周红杰 . 云南名茶［M］. 昆明：云南科技出版社，2006.

［6］王岳飞，周继红，徐平 . 茶文化与茶健康——品茗通识［M］. 杭州：浙江大学出版
社，2020.

［7］木霁弘 . 茶马古道文化遗产线路［M］. 昆明：云南大学出版社，2020.

［8］马小玲，潘素华 . 茶艺［M］.4 版 . 北京：高等教育出版社，2023.

［9］张伟强 . 茶艺［M］.3 版 . 重庆：重庆大学出版社，2023.

［10］周重林，张宇 . 云南红茶教科书［M］. 武汉：华中科技大学出版社，2021.

［11］汪云刚，刘本英 . 滇红［M］. 昆明：云南科技出版社，2011.

［12］中国国家标准化管理委员会 .GB/T 13738—2017 红茶［S］. 北京：中国标准出版
社，2017.

［13］祝立业 . 云南昌宁红茶历史研究［J］. 福建茶叶，2017（10）：316.

［14］冯兰，莫小燕，梁光志，等 . 不同工艺对红茶品质的影响［J］. 中国热带农业，2009
（3）：20-22.

［15］王辉，龚淑英，李淦成，等 . 我国红茶最新研究进展［J］. 中国茶叶加工，2012
（02）：13-14，32.

［16］李健权 . 不同产地红茶香气成分的测定及分析［J］. 湖南农业科学，2017（8）：85-
92，97.

［17］谭超，刘华戎，戴波，等 . 三种工夫红茶挥发性成分同异性分析［J］. 蚕桑茶叶通讯，
2016（5）：18-26.

［18］廉明，吕世懂，吴远双，等 . 我国 4 种红茶的挥发性成分分析［J］. 热带亚热带植物
学报，2015（3）：301-309.

［19］吕才有，李明玺 . 云南红茶品质特点的比较分析研究［J］. 南方农业学报，2009（4）：
749-751.

［20］夏涛 . 制茶学［M］.3 版 . 北京：中国农业出版社，2016.

［21］中国国家标准化管理委员会 .GB/T 22291—2017 白茶［S］. 人民共和国国家质量监督

检验检疫总局.

［22］云南茶业历史资料研究室.云南白茶一本通［M］.昆明：云南出版集团，2023.

［23］云南省茶叶流通协会.T/YNTCA 007—2021 云南大叶种白茶［S］.,2021.

［24］周雪芳，武珊珊，阮朝帅，等.云南白茶与福建白茶对比研究［J］.安徽农业科学，2020，48（2）：177–179.

［25］黄素贞.云南白茶月光白［J］.普洱，2012（10）：50–51.

［26］陈志达.白茶风味品质的物质基础与量化评价研究［D］.杭州：浙江大学，2019.

［27］段红星，孙围围.福鼎白茶与景谷白茶内含成分与感官品质研究［J］.云南农业大学学报（自然科学），2016（6）：1091–1096.

［28］危赛明.中国白茶史（1950—1969）［M］.北京：中国农业出版社，2019.